**Mahendrasinh Dabhi**
**Anjali Chauhan**

**MANEJO ECOLÓGICO DO GORGULHO DO ARROZ, Sitophilus oryzae Linnaeus**

**Mahendrasinh Dabhi**
**Anjali Chauhan**

# MANEJO ECOLÓGICO DO GORGULHO DO ARROZ, Sitophilus oryzae Linnaeus

Na atual era da agricultura biológica, a utilização excessiva e frequente de insecticidas biológicos sintéticos diminuiu

**ScienciaScripts**

**Imprint**

Any brand names and product names mentioned in this book are subject to trademark, brand or patent protection and are trademarks or registered trademarks of their respective holders. The use of brand names, product names, common names, trade names, product descriptions etc. even without a particular marking in this work is in no way to be construed to mean that such names may be regarded as unrestricted in respect of trademark and brand protection legislation and could thus be used by anyone.

Cover image: www.ingimage.com

This book is a translation from the original published under ISBN 978-620-8-11682-8.

Publisher:
Sciencia Scripts
is a trademark of
Dodo Books Indian Ocean Ltd. and OmniScriptum S.R.L publishing group

120 High Road, East Finchley, London, N2 9ED, United Kingdom
Str. Armeneasca 28/1, office 1, Chisinau MD-2012, Republic of Moldova, Europe
Printed at: see last page
**ISBN: 978-620-8-25551-0**

# Reconhecimento

Antes de mais, agradeço humildemente a Deus, o Misericordioso, que me concedeu o poder e os meios para contribuir para ser o que sou hoje.

Tenho o prazer de expressar a minha profunda gratidão ao meu orientador de investigação, Dr. M. V. Dabhi, Professor Assistente (Ag.Ento.), Sheth. A sua valiosa orientação, curiosidade intelectual, forma articulada, crítica saudável, atitude afectuosa e encorajamento regular. A minha honra será o profundo sentimento de gratidão e um sincero "agradecimento especial" à sua eterna paciência e nobre orientação.

Estou grato ao Dr. N. B. Pawar, Professor Assistente, Faculdade de Agricultura, AAU, Vaso,  ao Dr. A. H. Barad, Professor Assistente, Faculdade de Horticultura, AAU, Anand e     ao Dr. D. J. Parmar, Professor Associado, Departamento de Estatística Agrícola BACA, AAU, Anand pelo seu interesse incessante e orientação inspiradora como membros do meu comité consultivo e pela sua atitude de cooperação consistente.

Gostaria de agradecer as facilidades proporcionadas pelo Dr. K. B. Kathiria, Vice-Chanceler e Diretor de Investigação e Decano de Estudos de PG, Universidade Agrícola de Anand, Anand, e pelo Dr. Y. M. Shukla, Diretor e Decano, Faculdade de Agricultura de B. A., Universidade Agrícola de Anand, Anand, durante os meus estudos.

Agradeço ao Dr. D. B. Sisodiya, Professor e Diretor (I/c) do Departamento de Entomologia Agrícola, AAU, Anand, e a outros membros do pessoal pela sua ajuda e pela disponibilização das instalações necessárias durante o trabalho de investigação.

Expresso os meus sinceros agradecimentos a Atul Bhai (JRF), Manishadi (JRF) e Jyotshna pela sua ajuda, amor, afeto, inspiração, apoio moral e encorajamento em todas as fases do estudo.

Estou igualmente grato ao Sr. Vaibhav Chaudhary, investigador assistente, RRS, Nikhil Bhai (JRF), Shivambhai, Nikunjbhai, Kavanbhai, Tikkudidi, Neelamdidi. O meu coração sente-se grato pela cooperação, orientação e ajuda incondicional prestada pelos seniores Shivambhai, Tikkudidi, Neelamdidi, Nikunjbhai e Kavanbhai. Deves voar sempre no campo do sucesso.

Tive a sorte de estar associado a um grande número de amigos, todos eles com um efeito profundo em mim e que me ajudaram de uma forma ou de outra durante a minha investigação. Entre eles, contam-se Abhishek Nikunj, Apurva, Ruta, Ami, Ashutosh, Parth, Pintu, Prabhkaran e Vipul e os meus prestáveis amigos juniores Priyank e Anandi. Devo um profundo sentimento de revelação aos meus queridos amigos Viral, Disha, Priyanka, Hemangi, Mehul, Bhavik e Parth.

Estou eternamente em dívida para com o meu querido pai Shri Bhupatsinh e a minha mãe Ushaben, o meu querido irmão mais velho Devendra, Nirav e Bharatibhabi, pela sua compreensão, paciência infinita e encorajamento quando foi mais necessário. Vocês e o vosso amor estarão sempre comigo, onde quer que eu esteja. O meu pequeno sobrinho Hridayansh merece uma menção especial pelo seu amor e inocência, que penso ter sido a força motriz para atrair a bênção de Deus e concluir este trabalho com sucesso.

A todos os que nomeei, por favor aceitem o meu mais profundo agradecimento e aos que não nomeei, saibam que, apesar de não estarem nomeados neste trabalho, não são desconhecidos para mim e são apreciados com mais agradecimentos.

**Anjali Chauhan**


É com muito orgulho que menciono que o meu Senhor Swaminarayan Bhagvan, Guru Hari Shri Param Pujay Bharamswarup Pramukh Swamimaharaj e Pragat Guru Hari Shri Param Pujay Bharamswarup Mahant Swamimaharaj me deram força para avaliar este livro na minha área de especialização. O meu Guru também me deu inspiração para escrever o livro e também me deu as suas bênçãos contínuas durante todo o período de escrita do livro. Gostaria de exprimir os meus agradecimentos especiais à minha área de ensino, que me deu a oportunidade de me candidatar ao mesmo.


**Mahendrasinh V Dabhi**

# Nomenclatura

| | | |
|---|---|---|
| et al. | - | and others |
| Fig. | - | Figure |
| Ha | - | Hectare |
| i.e. | - | that is |
| Kg | - | Kilogram |
| GAU | - | Gujarat Agricultural University |
| ml | - | milli liter |
| Ltd. | - | Limited |
| °C | - | Degree Celsius |
| Rs | - | Rupees |
| EC | - | Emulsifiable Concentrate |
| NPV | - | *Nuclear Polyhedrosis Virus* |
| NSKE | - | Neem Seed Kernel Extract |

# Conteúdo

## Capítulo I

**Introdução**

O trigo (*Triticum aestivum* Linnaeus) pertence à família das poaceae e é o segundo alimento mais produzido entre as culturas de cereais, a seguir ao milho (Gilles *et al.*, 2001). É uma das principais culturas cerealíferas cultivadas em todo o mundo e um dos principais alimentos de base para cerca de 2,5 mil milhões de pessoas. O trigo é a principal cultura alimentar de base e fornece quase metade de todas as calorias à população do Norte de África e da Ásia Ocidental e Central. O trigo constitui uma das principais fontes de proteínas nos países menos desenvolvidos e nos países de rendimento médio, em termos de calorias e de consumo alimentar. O trigo é a primeira cultura cerealífera mais importante consumida no mundo. A produção mundial de trigo foi de 772,64 milhões de toneladas métricas em 2020 - 21 e foi de 107,18 milhões de toneladas métricas na Índia durante 2019 - 20 (Statista, 2021).

O trigo é uma importante fonte de hidratos de carbono. É designado como o "rei dos cereais". A nível mundial, é a principal fonte de proteínas vegetais (12%) na alimentação humana, o que é relativamente elevado em comparação com outros cereais importantes. O trigo contém cerca de 70% de hidratos de carbono, 12% de proteínas, 1,7% de gorduras, 2,7% de minerais, 2% de fibras e 12% de humidade. Quando consumido como grão inteiro, é uma fonte de múltiplos nutrientes e também de fibras alimentares. O trigo é utilizado pelos seres humanos sob a forma de farinha para o fabrico de *chapatis*, sêmolas e massas alimentícias. É também utilizado para a preparação de pão, bolachas, biscoitos, biscoitos, biscoitos, noodles, dalia, maida, vermicelli*, etc.* A palha de trigo é igualmente utilizada como alimento para animais e também como material de embalagem.

A Índia dispõe **de** condições agro-ecológicas diversificadas que garantem não só a segurança alimentar, mas também a segurança nutricional da maioria da população indiana através da produção e do abastecimento constante, especialmente no passado recente. A Índia é o segundo maior produtor mundial de trigo. A cultura tem sido cultivada em cerca de 30 milhões de hectares (14% da área global) para produzir a maior produção de sempre de 99,70 milhões de toneladas de trigo (13,64% da produção mundial) com uma produtividade média recorde de 3371 kg/ha. Na Índia, a cultura do trigo tem sido tradicionalmente dominada pelos estados setentrionais das planícies de Punjab e Haryana, que têm sido grandes produtores de trigo. O trigo é amplamente adquirido pelo governo e distribuído à maioria da população (Ramadas *et al.*, 2019). O objetivo da produção de trigo é

projetado em cerca de 140 milhões de toneladas até 2050, considerando a sua crescente procura para consumo e comércio na Índia (Anon., 2015).

É importante intensificar os nossos esforços não só para aumentar a produtividade do trigo, mas também para minimizar as enormes perdas pós-colheita na fase de armazenamento, em especial as perdas resultantes do ataque de várias pragas, que são consideradas mais críticas nos países em desenvolvimento (Kumar e Kalita, 2017). Estima-se que as pragas de armazenagem destroem cerca de 96 milhões de toneladas métricas de grãos de cereais e que, se fosse possível salvar esta quantidade, seria suficiente para 375 milhões de pessoas durante um ano inteiro (Dobrovsk, 1965). As pragas de produtos armazenados podem causar perdas pós-colheita estimadas em 9 e 20 por cento nos países desenvolvidos e em desenvolvimento (Phillips e Throne, 2010). As perdas pós-colheita de cereais alimentares foram estimadas em cerca de 12-16 milhões de toneladas métricas por ano na Índia (Singh, 2010).

O trigo é gravemente danificado por uma série de pragas de cereais armazenados, nomeadamente *Sitophilus oryzae* (Linnaeus), *Rhyzopertha dominica* (Fabricius), *Trogoderma granarium* Everts, *Tribolium castaneum* (Herbst), *Sitotroga cerealella* (Olivier), *Corcyra cephalonica* (Stainton), *Cadra cautella* (Walker) e *Plodia interpunctella* (Hubner). Entre as várias pragas de insectos de grãos armazenados, o gorgulho do arroz, *S. oryzae* (Curculionidae: Coleoptera) é uma praga grave de vários grãos alimentares armazenados, causando até 50% de perda de peso (Koura e El-Halfwny, 1967). Trata-se de um inseto que se alimenta internamente e cujos danos são causados pelos adultos e pelos estádios de larva. As larvas em desenvolvimento vivem e alimentam-se no interior do grão, causando buracos irregulares de 1,5 mm de diâmetro em grãos de arroz, sorgo, trigo, cevada e milho antes da colheita e também durante o armazenamento. A infestação desta praga provoca o aquecimento dos grãos e também o aparecimento de bolores nos grãos (Aslam e Suleman, 1999). Os adultos do gorgulho do arroz preferem geralmente maçã, pera, uva, batata-doce, sementes de abacate, levedura, bolos, biscoitos e pão de trigo.

O ciclo de vida do gorgulho do arroz, *S. oryzae*, completa-se em 45 dias, período que compreende as diferentes fases: ovo, larva, pupa e adulto. O adulto do escaravelho castanho-avermelhado tem 3 mm de comprimento, um corpo cilíndrico e um rostro longo, delgado e curvo. Os seus élitros apresentam quatro manchas avermelhadas ou amareladas claras. Esta espécie tem um período de desenvolvimento comparativamente curto e acumula uma população elevada (Aitken, 1975). O aspeto de *S. oryzae* é pequeno e robusto, de cor castanha avermelhada a preta. O adulto recolhe e reproduz-se em grãos armazenados. A fêmea do gorgulho pode dar à luz a

A larva pode ser colocada em várias partes do grão, mas apenas um ovo é colocado num único grão e o orifício é selado com um líquido gelatinoso. As larvas alimentam-se no interior dos grãos de cereais durante uma média de 18 a 34 dias. Uma larva de *Sitophilus oryzae* consome 14 mg de grão/dia (Gloleblowska, 1968). As larvas alimentam-se do seu conteúdo amiláceo e esfoliam-no, deixando a casca intacta. Os dois sexos de *S. oryzae* são aparentemente semelhantes, mas quando observados cuidadosamente, o macho pode ser distinguido da fêmea pela forma do rostro, que é mais curto e mais largo no macho do que na fêmea, com asas posteriores bem desenvolvidas, sob o élitro, com punções no pró-noto, arredondadas. A superfície dorsal é muito mais pontuada nos machos do que nas fêmeas.

O gorgulho do arroz, *S. oryzae*, é talvez a praga mais destrutiva dos grãos e produtos armazenados de cereais (Pruthi e Singh, 1948). Foi referido que, para além do arroz, também ataca os grãos armazenados de trigo, milho e sorgo. As suas larvas e adultos alimentam-se internamente e causam graves perdas quantitativas e qualitativas aos grãos de cereais. Simwat e Chahal (1984) registaram um aumento de 2,80 a 6,37% da população adulta de *S. oryzae* e *Tribolium* spp. no trigo durante o seu período de armazenamento de seis meses. O nome é enganador, porque pode infestar outros grãos para além do arroz. O gorgulho do arroz é um inseto cosmopolita originário supostamente da Índia e que se propaga por todo o mundo através de grãos infestados e transportados por navios (Metcalf e Flint (1962). O gorgulho do arroz (*S. oryzae*) é considerado uma praga primária de insetos de grãos armazenados em zonas de clima quente, incluindo a

Índia. Os adultos de *S. oryzae* alimentam-se principalmente do endosperma, reduzindo assim o teor de hidratos de carbono, mas as larvas alimentam-se preferencialmente do gérmen do grão e removem uma grande percentagem das proteínas e vitaminas (Belloa *et al.*, 2000). Além disso, os danos causados ao grão por *S. oryzae* permitem que outras espécies, *ou seja,* as que se alimentam externamente, não sejam capazes de infestar grãos sãos, aumentando assim rapidamente os danos. Os danos resultam da redução do peso do grão, do valor nutritivo e da percentagem de germinação, bem como da contaminação por ácaros e fungos e da perda de valor comercial do produto. Tanto os adultos como as larvas alimentam-se vorazmente de uma grande variedade de grãos e sementes (Campbell, 2005.) A deterioração dos grãos armazenados é influenciada por factores físicos, ambientais (temperatura, humidade), microflora biológica, artrópodes, condições de armazenamento, métodos e factores.

As sementes são o fator de produção mais importante e vital para a produção agrícola. É necessário proteger as sementes através de produtos vegetais disponíveis localmente que sejam também amigos do ambiente. O reino vegetal, devido às suas propriedades insecticidas, algumas com propriedades medicinais, que são um rico armazém de produtos químicos, pode ajudar a proibir a atividade das pragas, particularmente nas regiões tropicais e subtropicais (Ileke e Oni, 2011). Os extractos de plantas utilizados como biofumigantes não são perigosos para o ser humano, são fáceis de manusear e mais seguros para o ambiente (Kathirvelu e Raja, 2015). Atualmente, muitos agricultores utilizam pesticidas sintéticos para proteger os seus grãos armazenados. Contudo, os pesticidas sintéticos têm uma série de efeitos adversos, como envenenamento dos manipuladores, resíduos tóxicos nos alimentos para consumo humano e animal, perturbações ecológicas e doenças crónicas e genéticas (Dubey *et al.*, 2007; Kumar *et al.*, 2007). Nos últimos anos, os estudos laboratoriais estabeleceram que muitas variedades mostraram alguma resistência contra *S. oryzae* (Ram e Singh 1996; Tiwari e Sharma 2002 e Chauhan *et al.* 2005).

Uma abordagem ecológica e económica para manter os grãos alimentares armazenados livres do ataque de insectos seria a utilização de produtos vegetais como protectores de grãos. Existem relatórios encorajadores sobre a utilização de certos produtos vegetais indígenas como protectores de cereais (Hassan, 2001 e Bhargava e Meena, 2002).

Na era atual da agricultura biológica, a utilização excessiva e frequente de insecticidas biológicos sintéticos contra pragas de cereais armazenados *conduziu* a problemas de resistência, ressurgência e resíduos, bem como a riscos de toxicidade para o homem e os animais domésticos, resultando na degradação do ambiente. A utilização de produtos de origem vegetal e animal é amiga do ambiente, biodegradável, não tóxica, económica e facilmente disponível. Vários produtos vegetais foram experimentados com um bom grau de sucesso como protectores contra uma série de pragas de insectos de grãos armazenados (Shankar e Abrol, 2012). Assim, as presentes experiências foram realizadas com os seguintes objectivos em trigo armazenado em condições laboratoriais.

- Para selecionar diferentes variedades de trigo quanto à suscetibilidade ao gorgulho do arroz, *S. oryzae*
- Avaliar os diferentes óleos vegetais como protectores de grãos contra o gorgulho do arroz, *S. oryzae*, em trigo armazenado
- Avaliar os diferentes pós botânicos como protectores de grãos contra o gorgulho do arroz, *S. oryzae*, em trigo armazenado

## Capítulo II

**Revisão da literatura**

As presentes investigações têm como objetivo descobrir a suscetibilidade varietal e as técnicas de gestão com base em abordagens ecológicas contra o gorgulho do arroz, *Sitophilus oryzae*, no trigo armazenado. A fim de elucidar as situações com clareza, o trabalho pertinente realizado até à data sobre a gestão de *S. oryzae* com a utilização de pós e óleos vegetais utilizados para o armazenamento é aqui revisto como segue.

**2.1 Seleção de diferentes variedades de trigo quanto à suscetibilidade ao gorgulho do                                                                                                                arroz, *S.* oryzae**

De acordo com Chahal e Singh (1974), foi testada a resistência relativa de 15 variedades de trigo contra *Rhyzopertha dominica* e *S. oryzae* com base na emergência de adultos e no número de dias que o inseto demora a atingir a fase adulta. Entre as diferentes variedades, W2 242, W2221 e WL218 foram consideradas relativamente resistentes a *R. dominica* e *S. oryzae*, enquanto Lermarosa K69508 e WL237 foram consideradas susceptíveis.

Sharma (1984) verificou que as variedades de trigo Kalyansona NP-880, Shera, Pusa Lema e Sonalika eram altamente susceptíveis a *S. oryzae*. No entanto, Pusa Lerma teve uma emergência de adultos significativamente mais baixa do que as outras variedades testadas.

As variedades de trigo foram estudadas quanto à sua resistência ao gorgulho do arroz *S. oryzae* através de testes de progenitura sem escolha e revelaram que Raj 911, Kalyan Sona, A-9-30-1 e PV 18 eram variedades resistentes, enquanto HW 517, Shailaja, DL 20-9 e HD 2307 eram as mais susceptíveis. Verificou-se que a suscetibilidade ao gorgulho do arroz está correlacionada positivamente com o tamanho do grão e negativamente com a dureza, a fibra bruta e o teor de proteínas do grão, enquanto o teor de óleo não revelou qualquer correlação (Ram e Singh, 1996). Entre as diferentes caraterísticas, a dureza do grão apresentou a relação mais próxima com a suscetibilidade do gorgulho e o teor de proteínas possivelmente actuou através da dureza do grão, *ou seja*, alterações na força do glúten.

Sessenta genótipos de trigo foram observados quanto à sua resistência a dois grandes insectos pragas de armazenamento, *nomeadamente S. oryzae* e *R. dominica*, o que revelou que a suscetibilidade a *S. oryzae* estava positivamente correlacionada com o tamanho do grão e negativamente correlacionada com a dureza do grão, enquanto outros factores, *nomeadamente* o peso do grão e a cor do grão, não tinham impacto na resistência e suscetibilidade a *Sitophilus* spp (Tiwari e Sharma, 2002).

O período total de desenvolvimento variou de 32,2 e 37,6 dias em DL-806 e Lok-1, respetivamente. O número de adultos emergidos variou significativamente de 1,7 (Raj-4000) a 12,0 (PBW-468). A razão sexual macho (1): fêmea variou de 0,75 (Raj-4000) a 1,75 (GW-273). A variedade Raj-4000 expressou obstáculos à orientação e emergência da praga e levou mais tempo para o desenvolvimento *de S. oryzae* e, portanto, foi considerada relativamente menos suscetível, seguida por HUW-522 e HI-8381. No entanto, o HI-8498 apresentou uma resposta relativamente suscetível (Patel, 2006a).

Bamaiyi *et al.* (2007) registaram a suscetibilidade relativa das variedades de sorgo ao gorgulho do arroz *S. oryzae*. Entre as diferentes variedades, SINGE-2, SK5912, ICSV902NG, KSV 8, 18395 e ICSV 210 apresentaram um elevado índice de suscetibilidade e foram consideradas altamente susceptíveis. A dureza do grão foi considerada o fator global responsável pela resistência a *S. oryzae*.

De acordo com Thakare (2009), verificou-se a incidência do gorgulho do arroz, *S. oryzae* (L.), em diferentes variedades de trigo armazenado, *nomeadamente* Raj-3765, Lok 1, Gw-273, HI-1454, Sujata, Raj-1555, HI 8381, GW-366, MP-3020 e GW-322. Registou que a variedade Raj-3765 é resistente ao *S. oryzae*, na qual o menor número de adultos foi orientado, ovipositou e teve menos emergência de adultos, enquanto outras variedades promissoras foram GW-273, Raj 1555 HI-8381 e Sujata. A variedade Lok-1 foi considerada a mais suscetível contra esta praga.

Os resultados revelaram que a variedade de milho Pratap early Makka 3 e Pratap Makka 5 eram relativamente menos susceptíveis (55,61 a 61,00 % de oviposição) com 225 a 270 emergência de adultos de *S. oryzae*, 34,88 a 40,02 % de danos nos grãos e 13,60 a 15,34 % de perda de peso e Mahi Kanchan, Mahi dhawal e Navijot eram moderadamente susceptíveis, enquanto que PHEM 2 e PHEM 1 eram mais susceptíveis (Meghwal *et al.* 2010).

As cultivares de trigo K-9162, HUW-234, K 307 e K-9006 foram moderadamente resistentes ao gorgulho do arroz. As cultivares K 7903, NW-1014, PBW-343 e K-9465 foram consideradas mais susceptíveis devido ao maior número de ovos por fêmea, à emergência de adultos e à perda de peso. O teor de humidade está significativamente correlacionado de forma positiva com a fecundidade (+0,9508), a emergência de adultos (+0,9536) e a perda de peso (+0,8882), enquanto o período de desenvolvimento mostrou uma correlação negativa significativa (Verma *et al.*, 2012). A dureza do grão foi significativamente correlacionada de forma negativa com a fecundidade (-0,9565), a emergência de adultos (-0,9676) e a perda de peso (-0,8778), enquanto foi positivamente correlacionada com o período de desenvolvimento (+0,9436).

Yevoor *et al.* (2013) relataram que DMH - 11 foi considerado relativamente resistente ao ataque do gorgulho do arroz durante 90 dias e menor índice de suscetibilidade (9,88), danos às sementes (15,18%), perda de peso (12,2%) e swaraz, no entanto, A-186 foi considerado suscetível ao ataque da praga durante o armazenamento de sementes híbridas de milho.

Arve *et al.* (2014) relataram a resistência com base em parâmetros biológicos e conteúdo bioquímico contra a infestação de *S. oryzae* em sete variedades de trigo e relataram que as variedades *viz.*, GW 496, GW 11 e GW 322 eram menos susceptíveis *a S. oryzae*, enquanto GW 173, GW 366 e LOK-I são moderadamente susceptíveis com base na preferência de oviposição por teste de escolha livre e teste de emergência de adultos, No entanto, a variedade HD 2189 foi considerada altamente suscetível a esta praga.

Resultados da percentagem de perda de peso, percentagem de danos nos grãos, população de adultos e composição proximal dos grãos de trigo contra *S. oryzae*. Entre todos os genótipos, o A2-92 foi considerado comparativamente o genótipo mais resistente, enquanto o genótipo A2-95 foi considerado o genótipo mais suscetível à infestação desta praga. No entanto, outros genótipos foram intermédios em resposta ao ataque da praga. (Khan *et al.*, 2014)

Tiwari (2016) observou a preferência de orientação, o período de desenvolvimento total (ovo a adulto) e as perdas causadas pela praga *S. oryzae* no trigo, tendo revelado que a variedade Sujata foi considerada tolerante com base na orientação mais baixa, na emergência mais baixa de adultos, na percentagem de danos nos grãos e na percentagem de perda de peso dos grãos. As variedades GW 322, GW-173, MP-3020 e GW-366 foram consideradas moderadamente susceptíveis. A variedade LOK-1 foi considerada a mais suscetível.

Ahmad *et al.* (2017) trabalharam na infestação preliminar de três pragas de grãos armazenados, *T. casteneum*, *S. oryzae* e *T. granarium* durante o armazenamento de trigo. Observaram que, com o aumento do período de armazenamento, a população de insectos também aumentou e *S. oryzae* causou maiores perdas de peso, danos nos grãos e redução da germinação do trigo do que outras duas pragas.

Kundu (2017) avaliou trinta germoplasmas de trigo contra *S. oryzae* e os resultados revelaram que NW-6056, DPW-62150 e BBW 3759 eram altamente susceptíveis a S. *oryzae* com base na percentagem de danos nos grãos, na percentagem de perda de peso e na acumulação de população. O germoplasma DBW-39 foi considerado suscetível. A percentagem de danos no grão, a percentagem de perda de peso e a acumulação de população de *S. oryzae* foram maiores no verão do que no inverno. [th]A avaliação subsequente após 56 dias de observação mostrou que a percentagem de danos nos grãos e a percentagem de perda de peso devido a *S. oryzae* foram mais elevadas no 56º dia, com uma percentagem de danos nos grãos de 29,17 e 17,36 e uma percentagem de perda de peso de 25,07% e 15,54% durante as estações do verão e do inverno, respetivamente.

As variedades foram avaliadas com base no crescimento populacional, na perda de peso percentual e na germinação de grãos de trigo contra *S. oryzae* e verificou-se que o mínimo de adultos emergidos (148,33, 149,00 adultos), a perda de peso (1,50, 1,92 por cento) e a germinação máxima (94,00, 93,33 por cento) foram registados na variedade DBW 110 e GDW 1255 (D), respetivamente (Dulera, 2017).

Yadav *et al.* (2018) avaliaram dez variedades diferentes de trigo (Raj-1482, Raj-3077, Raj-3765, Raj-3777, Raj-4037, Raj-4079, Raj-4083, Raj-4120, Raj-4238 e Raj-Molyarodhak-1) para determinar sua suscetibilidade a *S. oryzae*. Os resultados foram avaliados com base na percentagem de emergência de adultos, na longevidade dos adultos e no índice de crescimento e verificou-se que, comparativamente, Raj-4037, Raj-3765 e Raj-4083 eram menos susceptíveis, enquanto Raj-Molyarodhak-1, Raj-4238, Raj-4079 e Raj 4120 eram moderadamente susceptíveis.

De acordo com Dwivedi e Shukla (2019), as variedades HD-2733 e K-307 foram consideradas moderadamente resistentes a *S. oryzae*, tendo-se registado maior dureza, menor humidade, menor número de ovos, descendência e população com um período de desenvolvimento mais longo e menor perda de peso dos grãos e grãos danificados. A dureza das variedades de trigo (HD-2733 e K-307) mostrou uma associação negativa com a infestação da praga, enquanto a humidade das sementes mostrou uma relação positiva. A fecundidade e a descendência mostraram uma relação positiva com a percentagem de perda de peso e de grãos danificados.

## 2.2 Avaliação dos diferentes óleos vegetais como protectores de grãos contra o gorgulho do arroz, *S. oryzae*, em trigo armazenado

Ran Pal *et al.* (1988) revelaram que os óleos de rícino, sésamo e mostarda aplicados a 3 ml/kg de sementes foram considerados muito eficazes no controlo da população do gorgulho *S. oryzae* e dos danos.

Gupta *et al.* (2000) verificaram que a perda de peso mínima (0,62 e 0,12%) e os danos nos grãos (1,13 e 0,72%) foram registados quando os grãos foram tratados com óleo de mostarda a 1 e 3 ml/kg de semente, respetivamente, seguidos de uma perda de peso de 0,91 e 0,13% e danos nos grãos de 1,24 e 0,94% após o tratamento dos grãos com óleo de linhaça a 1 e 3 ml/kg de semente, respetivamente, contra *S. oryzae*.

Uttam *et al.* (2002) avaliaram diferentes óleos indígenas contra *S. oryzae* a 1 e 3 ml/ kg de cevada e referiram que os óleos karad, toria e taramira mostraram a sua eficácia, em ambas as dosagens, na redução do aparecimento de adultos. A infestação do gorgulho após 90 dias de tratamento com a dosagem mais elevada de karad, toria e taramira foi registada em termos de redução da perda de peso do grão, o que deu 100% de proteção, enquanto 77,07, 74,54 e 73,30% de proteção, respetivamente, foram obtidos com a dosagem mais baixa. A percentagem de mortalidade dos adultos indicou que os óleos de karad, toria, taramira, mostarda e sésamo tiveram o melhor desempenho após 3 dias da sua aplicação em ambas as dosagens, em comparação com outros óleos e com o tratamento de controlo.

Kher (2006) investigou a eficácia global de vários óleos vegetais como protectores de grãos de trigo contra *R. dominica*, tendo registado a seguinte ordem cronológica de eficácia: Neem> pongamiacastor > colza > sésamo> coco > mostarda semente de tabaco > amendoim semente de algodão, tratando a 0 5% (v/w).

Os diferentes óleos vegetais a 0,1, 0,5 e 1,0 ml/ 100 g de sementes de trigo como corretivos de sementes foram avaliados contra *S. oryzae* e relataram que (Yadav *et al,*. 2008) os óleos de neem, karanj, cravinho e erva-limão a 10 ml/100 g de sementes foram considerados mais eficazes na redução da fecundidade, emergência de adultos, longevidade dos adultos, danos nos grãos, perda de peso e no prolongamento do desenvolvimento.

De acordo com Yankanchi e Gadache (2010), a eficácia de certos extractos de plantas de *Clerodendrum inerme*, *Withania somnifera*, *Gliricidia sepia*, *Cassia tora* e *Eupatorium odoratum* a 2,5 e 5 % de extractos foi estudada contra o gorgulho do arroz, *S. oryzae* com base na mortalidade e na produção de descendência. Os extractos de *C. inerme* e *W. somnifera* foram mais eficazes do que os de *G. sepia*, *C. tora* e *E. odoratum* contra insectos adultos.

Deb (2011) investigou que os grãos de milho tratados com óleos de neem, rícino e pongam registaram um menor número de adultos de *S. oryzae* e foram considerados mais eficazes, enquanto o maior crescimento populacional foi obtido a partir de óleos de amendoim, coco e sésamo.

A toxicidade dos óleos (aipo, cânfora e alho) contra o gorgulho do arroz, S. *oryzae* adultos em grãos de trigo foi avaliada e revelou que a mortalidade aumentou com o aumento da concentração e do período de exposição. O óleo mais eficaz foi o de cânfora ($CL_{50} = 0,84$ e $CL_{95} = 2,85$ ml/kg de trigo), seguido do óleo de aipo ($CL_{50} = 0,89$ e $CL_{95} = 3,84$ ml/kg de trigo) e do óleo de alho ($CL_{50} = 1,27$ e $CL_{95} = 10,81$ ml/kg). Todos os óleos causaram uma diminuição significativa no número médio de ovos postos pelas fêmeas em comparação com o controlo em $LC_{50}$ 's e inibiram completamente a emergência de adultos (Hamed *et al.*, 2012).

Shushma e Borad (2013) registaram a eficácia dos óleos vegetais em milho armazenado contra *S. oryzae*. O óleo de neem foi significativamente superior aos outros tratamentos com base na mortalidade dos adultos, *ou seja,* 70,69%. As meias-vidas variaram de 54,50 a 91,50 dias entre os vários óleos vegetais. O óleo de neem registou o valor mais elevado (91,41 dias) de meia-vida e o valor de persistência bruta foi significativamente superior no óleo de neem (4760,00) em relação aos restantes óleos.

De acordo com Jayakumar *et al.* (2017), a atividade repelente e a toxicidade fumigante de diferentes óleos vegetais @*10µL* e 50µL contra os adultos de *S. oryzae* no laboratório e descobriram que o óleo de cânfora mostrou repelência máxima, enquanto a repelência mínima foi registada no óleo de anis entre todos os outros óleos vegetais testados durante 24, 48, 72 horas. O resultado da toxicidade do fumigante mostrou que o óleo de limão foi o que mais se destacou contra esta praga. Os óleos vegetais podem ser úteis para a gestão de insectos coleópteros no armazenamento, especialmente *S. oryzae* no arroz.

Rojasara e Patel (2020) avaliaram óleos comestíveis e não comestíveis contra o gorgulho do arroz *S. oryzae* (L.) que infestava o arroz e relataram que foi observada uma mortalidade máxima significativa (79,58%) com danos mínimos nas sementes (2,56%) e perda de peso (1.58%) foi observada nas sementes tratadas com óleo de mostarda a 1%, seguido de óleo de rícino (4,22%, 2,88%, 70%, respetivamente) e o óleo de sésamo a 1% foi o menos eficaz, resultando em danos máximos nas sementes (9,93%), perda de peso (6,40%) e a menor mortalidade (52,09%).

## 2.3 Avaliação dos diferentes pós botânicos como protectores de grãos contra o gorgulho do arroz, S. *oryzae*, em trigo armazenado

Khajuria *et al.* (2003) testaram folhas secas esmagadas de seis plantas, *nomeadamente,* neem, eucalipto, tulsi, melia, hortelã e crisântemo a 1g e 2g por 25g de sementes de arroz esterilizadas contra *S. oryzae* e observaram que todos os tratamentos foram significativamente superiores ao controlo. A mortalidade de *S. oryzae* @ 2g/ 25g de arroz foi encontrada em centésimos por cento nas folhas de hortelã após um dia, seguida pelas folhas de neem, melia, tulsi, eucalipto e crisântemo.

De acordo com Rao *et al.* (2004), o pó de rizoma de bandeira doce e o pó de semente de karanj @ 5% foram eficazes na mortalidade de *S. zeamais* até 180 dias em milho armazenado, enquanto a eficácia do pó de semente de nim @ 5% permaneceu até 150 dias. O pó de folhas de hortelã a 5% foi menos eficaz do que o pó de karanj e de sementes de nim.

Ansari e Srivastava (2004) referiram que o pó de sementes de anona e o pó de pimenta preta se revelaram altamente eficazes na minimização da perda de peso e dos danos nos grãos de arroz armazenado causados por *S. oryzae* até ao final do quarto mês, seguidos de cinzas de madeira e carvão durante todo o período experimental.

Patel (2006b) avaliou a eficácia das folhas de nim e do pó de rizoma de gengibre de manga contra *S. oryzae* em três doses @1, 3 e 5g/ kg de grão em condições de escolha livre e sem escolha e observou que ambos os botânicos foram considerados eficazes. O pó de rizoma de gengibre de manga foi mais eficaz e diminuiu o aparecimento do adulto.

Ogbomo e Enobakhare (2007) realizaram uma experiência para avaliar a toxicidade dos pós de folhas de *Ocimum gratissimum* e *Vernonia amygdalina* contra *S. oryzae* em grãos de arroz armazenados. Ambos os pós tenderam a reduzir a perda de peso e a postura de ovos, no entanto, verificou-se que *O. gratissmum* era comparativamente mais eficaz e causava 100% de mortalidade a 5 g/kg de grãos.

Akob e Ewete (2009) estudaram a btoxicidade contra a progenitura F1 de *S. zeamais* com extractos etanólicos de raízes de *Vetiveria zizanioides*, bem como de folhas *de Cupressus arizonica, Ocimum gratissimum e Eucalyptus grandis*, e os resultados revelaram que os extractos etanólicos de *C. arizonica, O. gratissimum e E. grandis* apresentaram uma toxicidade significativa para *S. zeamais* na progenitura F1.

Foi realizado um estudo sobre o efeito do extrato de folhas medicinais na repelência, mortalidade, produção de descendência e perda de peso dos grãos causada pelo gorgulho do arroz, *S. oryzae*. O extrato etanólico de lippia, piper e gloriosa possui princípios tóxicos com um efeito inseticida e repelente significativo que pode ser um potencial protetor de grãos contra *S. oryzae* (Nalini *et al.*, 2009).

Buatone e Indrapichate (2011) avaliaram os efeitos protectores dos extractos de folhas de *Hyptis suaveolens* (erva-menta), *Mentha cordifolia* (hortelã-da-cozinha) e *Citrus hystrix* (lima kaffir) e os resultados revelaram que a maior eficácia repelente às 24 horas do extrato etanólico foi a da lima kaffir com CE de 13,23 mg/ ml e dos extractos aquosos foi a da hortelã-da-cozinha com $CE_{50}$ de 19,04 mg/ ml contra o gorgulho do arroz, S. *oryzae*.

De acordo com Mishra *et al.* (2012), a repelência de *E. giobulus* e *O. basilicum* foi de 9,16±0,30 e 8,50±0,22 e 8,66±0,33 e 8,16±0,30 contra *T. casteneum* e *S. oryzae*, respetivamente. A repelência de ambas as pragas de insectos aumentou com a concentração de 0,05 por cento para 0,40 por cento no tempo de exposição de 4h.

Bhanderi *et al.* (2015) observaram que o pó de bandeira doce, o pó de semente de anona e o pó de semente de nim foram considerados os mais eficazes contra *S. oryzae* que infesta o sorgo. Os tratamentos de pó de folha de nim e pó de folha de lakke também foram considerados eficazes, enquanto o pó de folha de karanj, pó de folha de adsali, pó de folha de tulsi e pó de açafrão foram considerados menos eficazes contra esta praga. O pó de bandeira doce, o pó de semente de anona e o pó de semente de nim foram considerados os mais eficazes contra S. *oryzae* na redução da percentagem de perda de peso do sorgo.

*Melia azadarach* registou a mortalidade média mais elevada de 80,54%, quando comparada com outros tratamentos, seguida *de Zanthoxylum acanthopodium contra S. oryzae. Azadirachta indica* apresentou uma mortalidade de 70,74%, enquanto *Partheniu hysterophorus* e *Phlogacanthus thyrsiflorus* foram considerados menos eficazes, seguidos *de Vitex trifolia* com uma mortalidade de 36,66%. O pó de planta de *A. indica* foi considerado altamente eficaz na proibição do aparecimento de adultos e na percentagem de danos nos grãos em relação a outros tratamentos. Concluiu-se que *M. azadarach, A. indica* e *Z. acanthopodium* poderiam ser utilizados para a proteção do arroz armazenado contra infestações de *S. oryzae* (Devi *et al.*, 2014).

O tratamento de sementes com pó de vekhand foi considerado mais eficaz e promissor na redução da população de gorgulho de grãos (99,21%) e manteve o maior peso de sementes (0,964 g), menor infestação de sementes (0,30%), germinação máxima de sementes (88,75%) e maior índice de vigor de mudas (87,76%) (Patil *et al.*, 2014).

Foram avaliados nove produtos botânicos diferentes quanto à sua eficácia contra *S. oryzae* que infestam o sorgo. O pó de folhas de neem e o pó de folhas de lakke foram considerados eficazes, enquanto o pó de folhas de karanj, o pó de folhas de adsali, o pó de folhas de tulsi e o pó de curcuma foram considerados menos eficazes. A perda de peso percentual no sorgo tratado com vários produtos vegetais contra *S. oryzae* pode revelar que o pó de bandeira doce, o pó de semente de anona e o pó de semente de nim foram considerados os mais eficazes (Bhanderi *et al.*, 2015).

Deb *et al.* (2015) descobriram que a maior mortalidade de adultos de *S. oryzae* foi observada com pós de folhas de eucalipto (39,01%), tulsi (35,38%) e nim (31,63%). As meias-vidas de *S. oryzae* 71,73, 68,02 e 61,73 dias foram maiores do que as dos outros botânicos em comparação com as sementes tratadas com pó de folhas de tulsi, eucalipto e nim, respetivamente. A maior persistência e o menor crescimento populacional do gorgulho também foram exibidos por essas sementes tratadas com pós botânicos.

Gadewar *et al.* (2017) estudaram a influência de alguns produtos botânicos contra o gorgulho do arroz durante o armazenamento em sorgo *rabi* e descobriram que as sementes tratadas com pó de bandeira doce (2,5%) e pó de semente de anona 2,5% apresentaram um peso de sementes significativamente mais elevado, percentagem de germinação, vigor das plântulas, percentagem de emergência no campo e mortalidade de adultos em comparação com outros tratamentos de sementes e controlo durante o armazenamento.

O efeito do tratamento de sementes botânicas contra *S. oryzae* no milho relatou que as sementes tratadas com pó de rizoma de *Acorus calamus* @ 10 g / kg de sementes registaram a maior percentagem de germinação (85,67), índice de vigor das plântulas (2354), menor infestação (0,18%) e perda de peso (0,02%) no final de nove meses de armazenamento (Padmasri *et al.*, 2017).

A eficácia de dezasseis protectores de grãos revelou que a perda de peso das sementes foi mais elevada com a anona e o pó de folhas de louro e mais baixa com o pó de folhas de tabaco em arroz, trigo e milho contra *S. oryzae*. A perda de peso foi moderada com karanj e pó de folha de neem (Chaudhuri e Subba, 2018).

## Capítulo III

## Materiais e métodos

O gorgulho do arroz é uma praga grave do trigo armazenado e as sementes infestadas são impróprias para fins alimentares e de semente. Por conseguinte, foram realizados estudos laboratoriais sobre a suscetibilidade varietal e a utilização de diferentes protectores de grãos quanto à sua eficácia contra *Sitophilus oryzae*(L.). infestando o trigo armazenado no laboratório do Departamento de Entomologia. B. A. College of Agriculture, Universidade Agrícola de Anand, Anand, durante 2020-2021.

### Manutenção da cultura do gorgulho do arroz

Para iniciar a cultura, cerca de 300 adultos do gorgulho do arroz, *S. oryzae*, foram recolhidos no mercado local de Anand e introduzidos num frasco de plástico (20 cm de altura e 14 cm de diâmetro) contendo 1 kg de grãos de trigo previamente esterilizados a uma temperatura de 55°C durante 4 horas na estufa. O frasco foi coberto firmemente com um pano de musselina fixado com um elástico para evitar a fuga dos adultos. Os adultos de *S. oryzae* foram criados e mantidos no laboratório para o crescimento e desenvolvimento da população em grãos de trigo (placa 3.1). Os grãos danificados foram substituídos por grãos não danificados e esterilizados em cada frasco, em intervalos mensais (placa 3.3 A e B). A cultura foi mantida no laboratório durante todo o período experimental (placa 3.2). Os adultos de *S. oryzae* obtidos da cultura de laboratório foram utilizados para estudos posteriores sobre a suscetibilidade varietal, avaliação de óleo vegetal e pó botânico como protectores de grãos.

### 3.1 Suscetibilidade das variedades de trigo ao gorgulho do arroz, *S. oryzae*

Foram avaliadas dez variedades de trigo para determinar a sua suscetibilidade a *S. oryzae*. Todas estas variedades foram adquiridas na Estação de Investigação Regional, Universidade Agrícola de Anand, Anand (Quadro 1; placa 3.4). As variedades de trigo foram avaliadas com base no crescimento da população, na perda de peso e na redução da germinação durante o armazenamento. Foram efectuadas quatro experiências laboratoriais diferentes, de acordo com a metodologia abaixo mencionada.

### 3.1.1Detalhes da experiência:

| | |
|---|---|
| **Localização** | Departamento de Entomologia, BACA, AAU, Anand |
| **Conceção da experiência** | Desenho completamente aleatório |
| **Tratamentos** | 10 |
| **Repetições** | 3 |
| **Ano** | 2020-2021 |

### 3.1.2 Pormenores do tratamento :

| Tr. No. | Tratamentos |
|---|---|
| 1 | GW366 |
| 2 | GW322 |
| 3 | GW496 |
| 4 | GW451 |
| 5 | HI1544 |
| 6 | GW173 |
| 7 | GW11 |
| 8 | GADW 3 |
| 9 | GW1 |
| 10 | LOK-1 |

### 3.1.3 Avaliação com base no crescimento populacional do gorgulho do arroz, *S. oryzae*

Para cada variedade, três amostras de grãos de trigo de 50 g cada (uma amostra para uma repetição) foram colocadas individualmente num tubo de plástico (6 cm de altura e 5 cm de diâmetro). Vinte adultos de *S. oryzae* (com 5 a 10 dias de idade) foram libertados em cada tubo para a postura de ovos, que foi coberto com um pano de musselina duplo mantido em posição com um elástico. Os adultos introduzidos para oviposição foram eliminados de cada tubo após 7 dias de exposição. O tubo foi coberto com um pano de musselina duplo para facilitar o arejamento e evitar a fuga dos adultos (placa 3.5). As observações sobre o número de adultos (vivos + mortos) desenvolvidos em cada repetição foram efectuadas após 6 meses de armazenamento. Os dados sobre o número de adultos desenvolvidos após 6 meses de armazenamento foram submetidos a ANOVA depois de os transformar em logaritmo.

### 3.1.4 Avaliação com base na perda de peso do grão contra o gorgulho do arroz, *S. oryzae*

Os cem (100) grãos de cada amostra foram colhidos aleatoriamente após seis meses de armazenamento e separados em grãos gorgulhosos e grãos com gérmen. Os grãos gorgulhosos, os comidos com gérmen (placa 3.3C e D) e os 100 grãos não danificados foram pesados com uma balança eletrónica monopan. Com base nos dados, a percentagem de perda de peso foi calculada utilizando a fórmula abaixo indicada por Srivastava *et al.*(1973).

$$L = \frac{(W+G)-100}{S(W_1+G_1)}$$

Onde,

L = Percentagem de perda de peso

W = Percentagem (em número) de grãos gorgulhosos

G = Percentagem (em número) de grãos com germe

S = Peso de 100 grãos não danificados (g)

$W_1$ = Peso dos grãos gorgulhosos (g)

$G_1$ = Peso dos grãos comidos com gérmen (g)

Os dados relativos à percentagem de perda de peso foram submetidos a uma análise de variância (ANOVA) após a transformação do arco sin.

### 3.1.5 Avaliação com base na redução da germinação de sementes contra o gorgulho do arroz,

#### *S. oryzae*

Três amostras (uma amostra como uma repetição) de grãos de trigo (100 sementes colhidas aleatoriamente em cada amostra) retiradas de uma grande quantidade de tratamento. O teste foi efectuado em papel de filtro circular Whatman n.º 1 mantido em placas de Petri. As sementes foram espalhadas no papel de germinação a uma distância uniforme na placa de Petri. A placa de Petri foi coberta com a tampa com o papel de filtro húmido e mantida num germinador de sementes a 21 ± 1°C de temperatura e 95 ± 2 % de humidade relativa. Uma pequena quantidade de água destilada foi aspergida sobre o papel de filtro uma vez por dia para o manter húmido. O número de grãos germinados foi contado após 7 dias de incubação. Com base na contagem da germinação antes da libertação dos adultos e seis meses após a libertação dos adultos, a percentagem de germinação foi calculada em repetições para cada teste. Os dados relativos à percentagem de perda de germinação foram submetidos a uma análise de variância (ANOVA), depois de transformados em arco-sin.

### 3.1.6 Avaliação com base no tamanho, peso e dureza das sementes contra o gorgulho do arroz, *S. oryzae*

**Tamanho da semente**

O tamanho das sementes de trigo, determinado em termos de comprimento (l) e largura (w), foi medido pelo analisador de imagens de sementes INDOSAW e é expresso em unidades de mm.

**Peso da semente**

As amostras de cem sementes de cada variedade foram colhidas aleatoriamente e pesadas com a ajuda de uma balança eletrónica mono pan.

**Dureza das sementes**

Para registar a dureza das sementes, foram selecionados aleatoriamente    três grãos da massa armazenada e analisados com um analisador de textura padrão (placa 3.6). A dureza foi medida por comparação, os grãos individuais foram submetidos a fissuras por aplicação de pressão e o ponto de fissura foi registado. A dureza é expressa em Newton. Foi também estabelecida uma correlação entre os caracteres físicos das variedades e a perda de peso provocada pela praga.

### 3.1.7 Categorização das variedades

As variedades de trigo foram agrupadas em quatro categorias diferentes de suscetibilidade à resistência de *S. oryzae*: menos suscetível, moderadamente suscetível e altamente suscetível, com base em três parâmetros: crescimento da população, perda de peso em percentagem e redução da germinação.$\overline{X}$) e o desvio padrão (DP) segundo a escala adoptada por Patel *et al.* (2002). A seguinte escala foi utilizada para categorizar as diferentes variedades. Os dados transformados foram utilizados para o cálculo de Xi, $\overline{X}$ e DP em cada parâmetro. A escala utilizada para a categorização das diferentes variedades é a seguinte

**Categoria de resistência Escala de resistência**

Resistente Xi $\leq (\overline{X}- SD)$

Menos suscetível $(\overline{X}- SD) \leq Xi \leq \overline{X}$

Moderadamente suscetível        $\overline{X} \leq Xi \leq (\overline{X} +SD)$

Altamente suscetível Xi $\geq (\overline{X}+ DP)$

**3. 2 Avaliação de diferentes óleos vegetais como protectores de grãos contra o gorgulho do arroz,**

**S. oryzaeem trigo armazenado**

Foi realizada uma experiência laboratorial para determinar a eficácia dos óleos vegetais como protectores de grãos para o armazenamento seguro de grãos de trigo (cv. LOK-1) contra *S. oryzae* com base na mortalidade periódica, meia-vida, persistência bruta e crescimento populacional.

Os diferentes óleos (placa 3.7) foram comprados no mercado local de Anand e 500 g de grãos de trigo (cv. LOK-1) foram misturados com óleos vegetais a 0,5 por cento e o controlo não foi tratado. Estes grãos tratados foram armazenados em frascos de plástico herméticos. Cada tratamento foi repetido três vezes. Todos os frascos foram mantidos no laboratório à temperatura ambiente e utilizados para outras experiências (placa 3.9).

**3.2.1 Pormenores experimentais**

| | |
|---|---|
| **Localização** | Departamento de Entomologia, BACA, AAU, Anand |
| **Conceção da experiência** | Desenho completamente aleatório |
| **Tratamentos** | 10 |
| **Repetições** | 3 |
| **Cultura e variedade** | Trigo, LOK-1 |
| **Ano** | 2020-2021 |

**Quadro 3.2.2 Pormenores do tratamento:**

| Tr. No. | Tratamentos | Dose (mL/100 g de sementes) |
|---|---|---|
| $T_1$ | Óleo de rícino | 0.5 |
| $T_2$ | Óleo de mostarda | 0.5 |
| $T_3$ | Óleo de karanj | 0.5 |
| $T_4$ | Óleo de amendoim | 0.5 |
| $T_5$ | Óleo de soja | 0.5 |
| $T_6$ | Óleo de coco | 0.5 |
| $T_7$ | Óleo de algodão | 0.5 |
| $T_8$ | Óleo de sésamo | 0.5 |
| $T_9$ | Óleo de mahua | 0.5 |
| $T_{10}$ | Controlo não tratado | - |

### 3.2.3 Avaliação de diferentes óleos vegetais com base na mortalidade de adultos do gorgulho do arroz, *S. oryzae*

Para avaliar a eficácia dos óleos vegetais contra *S. oryzae* com base na mortalidade de adultos, foi realizada uma série de experiências durante 2020-21 em condições laboratoriais. Cada experimento foi realizado seguindo o Projeto Completamente Aleatório (CRD) com 10 tratamentos, incluindo controle e três repetições.

Uma amostra de 50 g de grãos foi colocada em tubos de plástico (6 cm de altura e 5 cm de diâmetro) com três repetições e vinte adultos de *S. oryzae* obtidos de cultura de laboratório foram libertados em cada tubo em todos os tratamentos. Cada tubo foi coberto com um pano de musselina com duas dobras para facilitar o arejamento e evitar a fuga dos adultos. As observações sobre o número de adultos mortos em relação ao total de adultos foram feitas após 7 dias da libertação dos adultos e a percentagem de mortalidade foi calculada. Os insectos que apresentavam movimento das pernas ou das antenas foram considerados vivos. A experiência foi repetida a intervalos de 15 dias, seguindo a mesma metodologia durante o período de armazenamento de 150 dias. Os dados periódicos sobre a percentagem de mortalidade foram calculados utilizando a fórmula de Abbott (Abbott, 1925) e submetidos a ANOVA após transformação em arco-seco.

$$P = \frac{P_1 - C}{100 - C} \times 100$$

Onde,

P = Percentagem de mortalidade corrigida

$P_1$ = Percentagem de mortalidade observada no tratamento

C = Percentagem de mortalidade no controlo

### 3.2.4 Avaliação de diferentes óleos vegetais com base na meia-vida e na persistência bruta

#### Meia-vida

Os óleos vegetais foram também avaliados quanto à sua eficácia como protectores de grãos, com base na mortalidade de meia-vida em dias. O cálculo foi efectuado utilizando a seguinte fórmula

**Meia-vida da mortalidade ($M_{1/2}$ ) $= \frac{\log 2}{K_1}$**

Em que, $K_1$: Declive da regressão exponencial dos logaritmos do número de adultos mortos (após adição de 1 para evitar o cálculo de log 2) em 20 dias passou.

As meias-vidas de mortalidade (dias) foram calculadas por repetição para cada tratamento. Os dados sobre as meias-vidas foram submetidos a ANOVA para verificar a diferença significativa entre os vários óleos.

#### Persistência bruta

A persistência bruta de diferentes óleos testados como mortalidade de *S. oryzae* foi calculada utilizando a seguinte fórmula (Pawar e Yadav, 1980).

$$\textbf{Gross persistency} = \frac{\textbf{Sum of (percentage mortality} \times \textbf{period in days)}}{\textbf{Number of observations}}$$

Foram utilizados os dados relativos à percentagem de mortalidade corrigida, calculada com um intervalo de 15 dias, e os dados relativos à persistência bruta foram calculados por repetição para cada tratamento. Os dados sobre a persistência bruta foram submetidos a ANOVA para verificar a diferença significativa entre os vários tratamentos.

### 3.2.5. Avaliação de diferentes óleos vegetais com base no crescimento populacional do gorgulho do arroz, *S. oryzae*

Foi efectuada uma experiência com os mesmos lotes de grãos de trigo sob diferentes tratamentos. A mesma metodologia foi registada de acordo com o ponto 3.1.1. As observações sobre o número de adultos (vivos + mortos) desenvolvidos em cada repetição foram feitas após 3 e 6 meses de armazenamento. Os dados relativos ao número de adultos desenvolvidos após 3 e 6 meses de armazenamento foram submetidos a ANOVA após transformação em raiz quadrada.

### 3.2.6. Exame organolético dos grãos de trigo

Foram efectuados estudos para verificar a presença ou ausência de cheiro ou sabor desagradáveis nos grãos de trigo untados com óleos não comestíveis. Foram colhidas três amostras, cada uma com 200 g de grãos de trigo, da massa de grãos tratados com diferentes óleos não comestíveis, *nomeadamente* óleo de karanj, de rícino e de mahua, todos a 0,5% v/w (placa 3.8). As amostras foram colhidas após um período de armazenagem de 6 meses. As amostras foram transformadas em farinha utilizando uma máquina de moer. Foi feito um chapatti para cada amostra. Pediu-se a cinco pessoas que cheirassem e provassem os diferentes chapattis sob diferentes tratamentos. Também lhes foi pedido que dessem notas (1 a 10) com base no cheiro e no sabor. Quanto mais desagradáveis forem o cheiro e o sabor, menor será o número de pontos atribuídos a esse tratamento. Os dados relativos às notas foram submetidos a uma análise de variância (ANOVA) depois de transformados em raiz quadrada.

### 3.3 Avaliação de pós botânicos como protectores de grãos contra o gorgulho do arroz *S. oryzae*

Foi efectuada uma experiência com os mesmos lotes de grãos de trigo sob diferentes tratamentos. Foi seguida a mesma metodologia descrita na secção 3.1.1. As observações sobre o número de adultos (vivos + mortos) desenvolvidos em cada repetição foram efectuadas após 3 e 6 meses de armazenamento. Os dados relativos ao número de adultos desenvolvidos após 3 e 6 meses de armazenamento foram submetidos a ANOVA após transformação em raiz quadrada.

### 3.3.1 Pormenores experimentais

| | |
|---|---|
| **Localização** | Departamento de Entomologia, BACA, AAU, Anand |
| **Conceção da experiência** | Desenho completamente aleatório |
| **Tratamentos** | 10 |
| **Repetições** | 3 |
| **Cultura e variedade** | Trigo, LOK-1 |
| **Ano** | 2020-21 |

### 3.3.2 Pormenores do tratamento:

| Tr. No. | Tratamentos | Dose (g/100g de sementes) |
|---|---|---|
| $T_1$ | Pó de folhas de anona | 2.0 |
| $T_2$ | Pó de folhas de Tulsi | 2.0 |
| $T_3$ | Folha de hortelã em pó | 2.0 |
| $T_4$ | Pó de folhas de eucalipto | 2.0 |
| $T_5$ | Pó de folha de Ardusi | 2.0 |
| $T_6$ | Folha de alho em pó | 2.0 |
| $T_7$ | Pó de folhas de Neem | 2.0 |
| $T_8$ | Pó de casca de laranja | 2.0 |
| $T_9$ | Pó de sementes de anona | 2.0 |
| $T_{10}$ | Controlo | - |

A fim de avaliar a eficácia de diferentes pós botânicos contra o gorgulho do arroz, *S. oryzae*, em trigo armazenado, foi realizada uma experiência laboratorial no Departamento de Entomologia, na BACA, Anand.

As folhas de neem, eucalipto, hortelã, anona, tulsi, ardusi, alho, laranja (casca) e anona (semente) foram colhidas em zonas adjacentes de Anand. As respectivas partes das plantas foram secas à sombra e, em seguida, as partes secas das plantas (placa 3.10) foram trituradas num moinho elétrico. O pó assim obtido foi peneirado numa peneira de 100 mesh. Cada pó foi aplicado na dose respectiva a uma massa previamente esterilizada de 500 g de grãos de trigo (cv.LOK-1) e armazenado durante seis meses num frasco de plástico hermético à temperatura ambiente e utilizado para outras experiências (placa 3.11).

### 3.3.3 Avaliação de diferentes pós botânicos com base na mortalidade de adultos do gorgulho do arroz, *S. oryzae*

Para avaliar a eficácia dos pós botânicos contra *S.oryzae* com base na mortalidade de adultos, foi utilizada a mesma metodologia mencionada no ponto 3.2.1 em condições laboratoriais. Cada experiência foi realizada de acordo com um modelo completamente aleatório (CRD) com 10 tratamentos, incluindo o controlo e três repetições.

### 3.3.4 Avaliação de diferentes pós botânicos com base na meia-vida e na persistência bruta do gorgulho do arroz, *S. oryzae*

Os materiais botânicos também foram avaliados quanto à sua eficácia de proteção dos grãos contra *S.oryzae* com base na meia-vida e na persistência bruta. Para este efeito, seguiu-se a mesma metodologia descrita na secção 3.2.2.

### 3.3.5 Avaliação de diferentes pós botânicos com base no crescimento populacional do gorgulho do arroz, *S. oryzae*

Foi efectuada uma experiência com os mesmos lotes de grãos de trigo sob diferentes tratamentos. Foi seguida a mesma metodologia descrita na secção 3.1.1. As observações sobre o número de adultos (vivos + mortos) desenvolvidos em cada repetição foram efectuadas após 3 e 6 meses de armazenamento. Os dados relativos ao número de adultos desenvolvidos após 3 e 6 meses de armazenamento foram submetidos a ANOVA após transformação em raiz quadrada.

## Capítulo IV

**Resultados e discussão**

Os resultados dos presentes estudos realizados em diferentes variedades de trigo para a suscetibilidade relativa e avaliação de óleos vegetais, pós botânicos como protectores de grãos contra *Sitophilus oryzae* (L.) são apresentados e discutidos aqui com subtítulos apropriados.

**4.1 Suscetibilidade das variedades de trigo ao gorgulho do arroz, *S. oryzae***

Dez variedades diferentes de trigo (Quadro 3.1) foram avaliadas quanto à sua suscetibilidade a *S. oryzae* com base em caracteres morfológicos, crescimento populacional, perda de peso e perda de germinação durante o armazenamento. As variedades foram ainda classificadas nas categorias resistente (R), menos suscetível (LS), moderadamente suscetível (MS) e altamente suscetível (HS).

**4.1.1 Avaliação com base no crescimento populacional do gorgulho do arroz, *S. oryzae***

Os dados sobre o número de adultos desenvolvidos devido à oviposição inicial numa semana por vinte adultos de *S. oryzae* e após 6 meses de armazenamento do trigo em laboratório são apresentados no Quadro 4.1. Revelaram que o número significativamente mais baixo (224,90) de adultos emergidos na variedade GW11, que estava a par das variedades HI1544, GW173, GW496 e LOK-1, que registaram 234,74, 249,68, 253,33 e 259,53 adultos emergidos, respetivamente. A seguinte, em ordem crescente de emergência de adultos, foi a GW366 (315,35). O maior número de adultos emergiu na variedade GW1 (421,5) e provou ser a variedade de trigo mais preferida *por S. oryzae*, a par de GADW3 (420,04) e GW451 (358,34). A variedade GW451 também ficou a par da GW366, que registou 315,35 de emergência de adultos.

**4.1.2 Avaliação com base na perda de peso dos grãos contra o gorgulho do arroz, *S. oryzae***

Os dados sobre a percentagem de perda de peso devido à infestação por *S. oryzae* após armazenamento por um período de seis meses (Quadro 4.1) indicam claramente que a perda de peso mais baixa, de 11,11%, foi registada na variedade GW11, seguida da GW366 (16,01%), GW496 (18,12%) e GW322 (18,72%), que foram consideradas iguais entre si. As variedades Lok-1 e HI1544 registaram 21,80 e 22,04 por cento de perda de peso e foram consideradas iguais entre si, seguidas pela GW173 (25,62). Entre as variedades

Na presente investigação, observou-se uma maior perda de peso no GW451 (50,18%), no GW1 (43,68%) e no GADW3 (41,17), que se revelaram mais preferidos por *S. oryzae*.

**Tabela 4.1: Suscetibilidade de variedades de trigo a *S. oryzae* com base no crescimento populacional e após seis meses de perda de peso durante o armazenamento**

| Tr. No. | Tratamentos | Número de adultos Emergiu* | Perda de peso (%)** |
|---|---|---|---|
| 1 | GW366 | 2,49ab (315.35) | 23.58e (16.01) |
| 2 | GW322 | 2.39bc (245.69) | 25.63e (18.72) |
| 3 | GW496 | 2.40bc (253.33) | 25.19e (18.12) |
| 4 | GW451 | 2.55a (358.34) | 45.10a (50.18) |
| 5 | HI1544 | 2.37bc (234.74) | 27.99d (22.04) |
| 6 | GW173 | 2.39bc (249.68) | 30.40c (25.62) |
| 7 | GW11 | 2.35c (224.90) | 19.47f (11.11) |
| 8 | GADW3 | 2.62a (420.04) | 39.91b (41.17) |
| 9 | GW1 | 2.62a (421.50) | 41.36b (43.68) |
| 10 | LOK-1 | 2.41bc (259.53) | 27.83d (21.80) |
| S.Em.± | | 0.04 | 0.67 |

| Teste F (T) | Sig. | Sig. |
|---|---|---|
| C.V. (%) | 2.79 | 3.82 |

**Notas: 1.** Os números entre parênteses são valores retransformados de valores transformados $\log$* e arcsin**.

    **2.** As médias dos tratamentos com letra(s) em comum não são significativas pelo teste DNMRT (Duncan's New Multiple Range Test) a um nível de significância de 5%

### 4.1.3 Avaliação com base na redução da germinação

Os dados sobre a percentagem de germinação de diferentes variedades de trigo antes da infestação artificial e a redução da germinação após a infestação por *S. oryzae* aos seis meses de armazenamento são apresentados no Quadro 4.2. Os dados sobre a percentagem de germinação antes da infestação artificial revelaram que a percentagem de germinação entre as variedades variava entre 90,74 e 94,67, com uma média de 92,70. As diferenças entre as variedades não foram significativas, indicando uma germinação uniforme entre as variedades.

Os dados sobre a porcentagem de germinação após seis meses de armazenamento por infestação de *S. oryzae* foram considerados significativos entre as variedades (Tabela 4.2). A maior germinação significativa foi em LOK-1 (82,33%), que foi encontrada a par com GW11 (78,31%) e HI1544 (77,65%). A diferença significativa na germinação por cento não foi encontrada entre as variedades como GW322 (72,69%), GW496 (71,66%), GW1 (70,99%), GW451 (68,97%), GW366 (68,64%) e GW173 (66,74%). No entanto, a germinação significativamente mais baixa foi registada em GADW3 (56,66%).

A porcentagem de perda de germinação devido à infestação de S. *oryzae* após seis meses de liberação (Tabela 4.2; Fig. 1) revelou que uma redução significativamente menor (8,29) na porcentagem de germinação foi observada em LOK-1 (8,29%), seguida por GW11 (14,91%) e HI1544 (16,60%), e provou ser menos preferida do que o restante das variedades avaliadas no estudo. Não houve diferença significativa na redução da germinação como no caso de GW496 (20,22%), GW322 (21,57%), GW1 (21,63%), e GW366 (22,24%) e no mesmo nível. No entanto, as variedades GW451 e GW173 registaram 24,62 e 25,43% de redução da germinação, respetivamente, que foram iguais entre si. A percentagem de redução da germinação significativamente mais elevada foi registada na GADW3 (34,64%).

**Quadro 4.2: Suscetibilidade das variedades de trigo a *S. oryzae* com base na percentagem de germinação**

| Tr. No. | Tratamentos | Germinação (%) | | Perda de germinação (%) |
|---|---|---|---|---|
| | | Antes da libertação dos adultos | Após seis meses de armazenamento sob infestação | |
| 1 | GW366 | 72.86 (91.32) | 55.94d (68.64) | 28.13bc (22.24) |
| 2 | GW322 | 76.45 (94.52) | 58.49bcd (72.69) | 27.67bc (21.57) |
| 3 | GW496 | 73.73 (92.15) | 57,83cd (71.66) | 26.71bcd (20.22) |
| 4 | GW451 | 75.67 (93.88) | 56.14d (68.97) | 29.74b (24.62) |
| 5 | HI1544 | 76.65 (94.67) | 61,78abc (77.65) | 24.04cd (16.60) |
| 6 | GW173 | 74.09 (92.49) | 54.77d (66.74) | 30.28b (25.43) |
| 7 | GW11 | 75.36 (93.61) | 62,24ab (78.31) | 22.71d (14.91) |
| 8 | GADW3 | 73.14 (91.59) | 48.82e (56.66) | 36.05a (34.64) |
| 9 | GW1 | 74.48 (92.84) | 57.41d (70.99) | 27.71bc (21.63) |
| 10 | LOK-1 | 72.28 (90.74) | 65.14a (82.33) | 16.72e (8.29) |

| S.Em.± | 2.15 | 1.25 | 1.44 |
| --- | --- | --- | --- |
| Teste F (T) | NS | Sig. | Sig. |
| C.V. (%) | 5.01 | 3.74 | 9.30 |

**Notas:**

1. Os números entre parênteses são valores retransformados ou são valores transformados em arco-seno.

2. As médias dos tratamentos com letra(s) em comum não são significativas pelo teste DNMRT (Duncan's New Multiple Range Test) a um nível de significância de 5%

### 4.1.4 Avaliação com base no tamanho, peso e dureza das sementes de trigo em grão contra o gorgulho do arroz

Os diferentes caracteres da semente, *nomeadamente* o comprimento da semente, a largura e o peso de 100 sementes e a dureza da semente de diferentes variedades de trigo são apresentados no quadro 4.3.

**Tabela 4.3: Efeito dos caracteres morfológicos de diferentes variedades na perda de peso devida a *S. oryzae* no trigo**

| N.º Sr. | Tratamentos | Comprimento (mm) | Largura (mm) | 100 Semente Peso (g) | Semente Dureza (N) | Perda de peso (%) |
| --- | --- | --- | --- | --- | --- | --- |
| 1 | GW366 | 7.48 | 3.71 | 4.61 | 75.33 | 16.01 |
| 2 | GW322 | 6.51 | 3.31 | 4.29 | 79.00 | 18.72 |
| 3 | GW496 | 6.65 | 3.49 | 3.90 | 79.66 | 18.12 |
| 4 | GW451 | 6.67 | 3.12 | 6.06 | 65.00 | 50.18 |
| 5 | HI1544 | 6.66 | 3.26 | 4.05 | 84.33 | 22.04 |

| 6 | GW173 | 7.03 | 3.22 | 4.15 | 72.66 | 25.62 |
|---|---|---|---|---|---|---|
| 7 | GW11 | 7.23 | 3.17 | 4.21 | 86.66 | 11.11 |
| 8 | GADW3 | 9.80 | 3.36 | 4.37 | 71.33 | 41.17 |
| 9 | GW1 | 8.18 | 3.21 | 4.46 | 69.00 | 43.68 |
| 10 | LOK-1 | 7.70 | 3.30 | 5.37 | 76.33 | 21.80 |
| **S.Em.±** | | 0.06 | 0.05 | 0.14 | 1.32 | 0.67 |
| **Teste F (T)** | | Sig. | Sig. | Sig. | Sig. | Sig. |
| **C.V. (%)** | | 1.40 | 2.92 | 5.34 | 3.01 | 3.82 |
| **Correlação coeficiente(r)** | | 0.40 | -0.41 | 0.51 | -0.86** | - |

**Notas:** N: Newton

Os resultados revelaram que não houve nenhuma relação significativa entre os diferentes caracteres da semente, *a saber,* comprimento da semente, largura e peso de 100 sementes (r=-0,41 a 0,51) de diferentes variedades com a perda de peso do grão devido à infestação de *S. oryzae.* Já a correlação entre a dureza da semente e a perda de peso foi altamente significativa (r= -0,86**) e negativamente correlacionada com a perda de peso. Isto indica que as variedades com maior dureza de sementes foram as menos preferidas pelos adultos e *vice-versa.*

Os resultados da correlação entre a dureza das sementes e a perda de peso no presente estudo estão em conformidade com as conclusões de Verma *et al.* (2012), que afirmaram que a dureza dos grãos estava significativamente correlacionada de forma negativa com a perda de peso, *o que* apoia as presentes conclusões.

### 4.1.5 Categorização das variedades

As variedades de trigo foram classificadas em resistentes (R), menos susceptíveis (LS), moderadamente susceptíveis (MS) e altamente susceptíveis (HS) a *S. oryzae,* seguindo a escala adotada por Patel *et al.* (2002). Os dados apresentados no Quadro 4.4.

**Com base no crescimento da população**

A GW11 registou menos de 2,35 adultos emergidos, pelo que foi agrupada na categoria resistente (R). O crescimento da população foi superior a 2,35 mas inferior a 2,46 adultos nas variedades GW322, GW496, HI1544, GW173 e LOK-1, que foram consideradas como menos susceptíveis (LS). As variedades GW366 e GW451 registaram uma emergência de adultos superior a 2,46 mas inferior a 2,56, que foram consideradas como moderadamente susceptíveis (MS). A emergência de adultos registada nas variedades GADW3 e GW1 foi superior a 2,56, que foram agrupadas como altamente susceptíveis (HS) (Quadro 4.4).

**Com base na perda de peso**

A variedade GW11 registou menos de 22,13 de perda de peso dos grãos e foi classificada como resistente (R) a *S. oryzae*. As variedades GW366, GW322, GW496, HI1544 e LOK-1 registaram mais de 22,13, mas menos de 30,66 de perda de peso. Por outro lado, a variedade GW173 registou mais de 30,66 mas menos de 39,19 de perda de peso, tendo sido classificada como moderadamente suscetível (MS). As variedades de trigo GW451, GADW3 e GW1 foram classificadas como altamente susceptíveis (HS), pois registaram mais de 39,19 de perda de peso (Quadro 4.4).

**Quadro 4.4: Categorização de diferentes variedades de trigo quanto à sua suscetibilidade contra**
*S. oryzae*

| Categoria de resistência | Escala | Variedades |
|---|---|---|
| **Com base no crescimento da população** | | |
| $\overline{X}$ =2,46 SD = 0,10 | | |
| **Resistente (R)** | $2.35 > X_i$ | GW11 |
| **Menos suscetível (LS)** | $2,35 > X_i > 2,46$ | GW322, GW496, HI1544, GW173, LOK-1 |
| **Moderadamente suscetível (MS)** | $2,46 > X_i > 2,56$ | GW366, GW451 |
| **Altamente suscetível (HS)** | $X_i > 2,56$ | GADW3, GW1 |
| **Com base na perda de peso (%)** | | |

| $\overline{X}$= 30,63 SD = 8,53 | | |
|---|---|---|
| **Resistente (R)** | 22.13> $X_i$ | GW11 |
| **Menos suscetível (LS)** | 22,13> $X_i$ >**30,66** | GW366, GW322, GW496, HI1544, LOK-1 |
| **Moderadamente suscetível (MS)** | 30,66> $X_i$ > 39,19 | GW173 |
| **Altamente suscetível (HS)** | $X_i$ > 39,19 | GW451, GADW3, GW1 |
| **Com base na perda de germinação** | | |
| $\overline{X}$=26,99 SD = 5,11 | | |
| **Resistente (R)** | 21.87> $X_i$ | LOK-1 |
| **Menos suscetível (LS)** | 21,87> $X_i$ >**26,99** | GW496, HI1544, GW11 |
| **Moderadamente suscetível (MS)** | 26,99 > $X_i$ > 32,10 | GW366, GW322, GW451, GW173, GW1 |
| **Altamente suscetível (HS)** | $X_i$ > 32.10 | GADW3 |

**Com base na redução da germinação**

A variedade de trigo LOK-1 registou menos de 21,87 por cento de perda de germinação, portanto, categorizada no grupo resistente (R) contra *S. oryzae*. As variedades GW496, HI1544 e GW11 foram classificadas no grupo menos suscetível (LS), pois registaram mais de 21,87 mas menos de 26,99% de perda de germinação. No entanto, as variedades GW366, GW322, GW451, GW173 e GW1 foram consideradas moderadamente susceptíveis a *S. oryzae* porque a percentagem de perda de germinação foi superior a 26,99 mas inferior a 32,10 por cento. Enquanto que a variedade GADW3 é altamente suscetível no que diz respeito à perda de germinação (Quadro 4.4).

Assim, a variedade GW11 emergiu como resistente (R) com base no crescimento da população e na percentagem de perda de peso devido à infestação por *S. oryzae*, ao passo que foi menos suscetível com base na percentagem de perda de germinação. A variedade LOK-1 era resistente (R) com base na percentagem de perda de germinação, ao passo que era menos suscetível com base no crescimento da população e na percentagem de perda de peso. A GW496 e a HI1544 foram consideradas menos susceptíveis e a GADW3 foi considerada altamente suscetível com base nos três parâmetros. A GW366 e a GW451 foram consideradas moderadamente susceptíveis com base no crescimento da população e na percentagem de perda de germinação, ao passo que foram consideradas menos susceptíveis e altamente susceptíveis, respetivamente, com base na perda de peso. GW 322 e GW173 foram menos susceptíveis e GW1 foi altamente suscetível com base no crescimento da população e na percentagem de perda de peso, sendo estas três espécies moderadamente susceptíveis, se for considerado o parâmetro percentagem de perda de germinação.

A suscetibilidade das variedades de trigo a *S. oryzae* foi estudada anteriormente em diferentes locais (Chahal e Singh, 1974; Tiwari, 2016 e *Arveet al.* 2014). Os trabalhadores anteriores que estudaram a suscetibilidade de diferentes variedades de trigo contra *S. oryzae* no armazenamento eram diferentes das variedades sob a presente investigação e, portanto, os presentes resultados não puderam ser comparados, exceto com *Arveet al.* (2014) e Tiwari (2016).*Arveet al.* (2014) relatou uma perda de peso percentual entre 14,12 e 20,27. Estas diferenças podem ser atribuídas ao facto de o período de armazenamento ser relativamente mais curto. GW496 e GW 173 foram considerados menos susceptíveis, o que foi mais ou menos semelhante aos presentes resultados. Tiwari (2016) avaliou a suscetibilidade das variedades de trigo estudadas, tendo constatado que a variedade LOK-1 era a mais suscetível, enquanto as variedades GW 322 e GW-173 eram moderadamente susceptíveis no que respeita à emergência de adultos. Estas diferenças podem ser atribuídas à diferença de localização (Jabalpur) do estudo e às variações das temperaturas e da humidade relativa prevalecentes durante o período de estudo. As reacções de várias variedades de trigo contra *S. oryzae* são descritas no quadro 4.4

## 4.2 avaliação de diferentes óleos vegetais como protectores de cereais contra o gorgulho do arroz, *S. Oryzae*

Três óleos não comestíveis de Karanj, rícino e mahua e seis óleos comestíveis de mostarda, amendoim, soja, coco, algodão e sésamo (Quadro 3.2) a um nível de 0,5 por cento (v/w) foram testados como protectores de grãos                                                                                    contra *S. oryzae* em laboratório, em trigo, em condições de armazenamento. A eficácia dos protectores de grãos baseia-se no seu efeito na mortalidade de adultos, meia-vida, persistência bruta e crescimento da população. Foi também efectuado um teste organolético para óleos não comestíveis após seis meses de armazenamento.

### 4.2.1 Avaliação com base na mortalidade de adultos do gorgulho do arroz, *S. oryzae*

Os dados obtidos durante a experiência sobre a percentagem de mortalidade corrigida                                                                                    de *S. oryzae* obtidos durante seis meses de cada experiência efectuada com 15 dias de intervalo são apresentados no Quadro 4.5 e representados na Fig. 2.

**Avaliação periódica**

Os resultados na tabela 4.5 revelaram que os tratamentos não diferiram significativamente entre si após 15 dias de armazenamento (DOS). O óleo de rícino (94,98%) registou uma mortalidade adulta mais elevada, seguido do óleo de algodão (93,48%) e a par do óleo de karanj (91,81%). O óleo de soja registou 90,37% de mortalidade adulta e foi considerado tão eficaz como o óleo de coco (88,40%). Os óleos de mahua e de sésamo registaram 87,76% e 86,73% de mortalidade adulta, respetivamente, que foram iguais aos do óleo de mostarda (85,20%). A percentagem de mortalidade adulta significativamente mais baixa (81,69%) foi registada no óleo de amendoim.

Após 30 DOS, o óleo de rícino foi considerado significativamente superior, uma vez que registou a mortalidade adulta mais elevada (92,18%) e estava ao mesmo nível que o óleo de karanj (91,81%) e o óleo de soja (88,40%). O óleo de algodão registou 83,76% de mortalidade de adultos, sendo tão eficaz como o óleo de sésamo (83,36%), o óleo de mostarda (81,85%) e o óleo de coco (80,12%). Estes três óleos protectores estão ao mesmo nível. A mortalidade adulta mais baixa (68,32%) foi registada no óleo de amendoim seguido do óleo de mahuaoil. A mortalidade adulta no óleo de mahua (76,67%) foi estatisticamente igual à do óleo de coco (80,12%).

Após 45 DOS, os óleos de rícino e de karanj registaram uma mortalidade de adultos significativamente mais elevada (91,81%) em comparação com outros tratamentos. Os óleos de soja, algodão, coco e mahua registaram uma mortalidade do gorgulho entre 84,97% e 78,51%, que foram iguais entre si no controlo da praga. A mortalidade mais baixa de adultos (61,74%) foi registada no óleo de amendoim, seguida do óleo de mostarda (63,4%) e do óleo de sésamo (65,02%).

Entre os diferentes óleos testados, os óleos de rícino (86,73%), de soja (82,10%) e de karanj (79,23%) mantiveram a sua superioridade contra *S. oryzae* e registaram uma maior percentagem de mortalidade de adultos a 60 DOS. O óleo de coco (75,08%) e o óleo de algodão (76,67%) foram igualmente eficazes e iguais ao óleo de karanj. Os óleos de sésamo, mahua, mostarda e amendoim registaram 66,79% a 63,40% de mortalidade de adultos e foram iguais entre si. A mortalidade adulta mais baixa (63,40%) foi registada no óleo de amendoim.

A percentagem mais elevada de mortalidade de adultos (83,36%) foi registada no tratamento com óleo de karanj, que estava ao mesmo nível que o óleo de rícino (82,10%) após 75 DOS. O óleo de algodão (70,30%) e o óleo de soja (68,66%) provaram ser o próximo tratamento eficaz, seguido pelo óleo de coco (63,31%), que estava ao mesmo nível que o óleo de algodão. O óleo de mahua registou uma mortalidade de adultos (58,36%). Os óleos de sésamo (53,32%), de amendoim (51,54%) e de mostarda

(49,95%) registaram a mortalidade adulta mais baixa e foram igualmente eficazes, bem como a par do óleo de mahua.

Após 90 DOS, a maior percentagem significativa de mortalidade de adultos foi observada no trigo tratado com óleo de rícino (73,44%), seguido de óleo de karanj (68,46%) e óleo de algodão (68,32%) e ambos os tratamentos foram iguais ao óleo de rícino. O óleo de soja (56,69%) foi considerado o próximo tratamento eficaz, seguido pelos óleos de mahua (51,65%), mostarda (46,62%) e coco (43,30%). Por outro lado, o óleo de mahua foi encontrado a par do óleo de soja e de mostarda. O óleo de mostarda foi encontrado ao mesmo nível que o óleo de mahua e o óleo de coco. No entanto, o óleo de coco foi encontrado ao mesmo nível que os óleos de mostarda e de sésamo. O óleo de amendoim registou uma percentagem significativamente mais baixa de mortalidade adulta (36,54%), seguido do óleo de sésamo (39,83%), que estava ao mesmo nível que o óleo de coco.

Após 105 DOS, o óleo de rícino foi considerado significativamente superior, pois registou a maior mortalidade de adultos (75,08%). Os óleos de karanj e de algodão foram igualmente eficazes, seguidos pelo óleo de soja, na gestão de *S. oryzae* e registaram 63,40, 60,00 e 49,97% de mortalidade de adultos, respetivamente. Estes tratamentos foram iguais entre si. Os óleos de mostarda, mahua, coco e sésamo foram igualmente eficazes e registaram uma mortalidade de adultos entre 31,49 e 36,57 por cento, sendo semelhantes entre si. A mortalidade adulta mais baixa (28,09%) foi registada no óleo de amendoim, seguido do óleo de sésamo, que se situou ao mesmo nível.

A maior percentagem significativa de mortalidade de adultos (70,30%) foi registada pelo óleo de rícino após 120 DAS (Quadro 4.5). Os óleos de karanj e de algodão foram considerados medíocres, com (54,98%) e (44,90%) de mortalidade de adultos. Os óleos de soja e de mahua foram considerados igualmente eficazes, sendo iguais entre si. Os óleos de mahua, sésamo, mostarda e amendoim foram iguais entre si, registando uma mortalidade do gorgulho entre 36,63% e 24,80%.

Entre os tratamentos com óleo vegetal protetor, os óleos de rícino e karanj foram considerados significativamente superiores, com 48,30 e 51,64 por cento de mortalidade de adultos, respetivamente, após 135 DOS. O segundo melhor óleo foi o de algodão e o de mahua, que registaram 43,30 e 31,49% de mortalidade de adultos. Os óleos de soja, coco e sésamo foram considerados igualmente eficazes no controlo de *S. oryzae* e registaram 28,28 a 28,90 por cento de mortalidade de adultos, respetivamente, e estavam ao mesmo nível que o óleo de mahua. A percentagem de mortalidade mais baixa e significativa (23,27) foi encontrada no óleo de amendoim, seguido do óleo de mostarda (26,42), pelo que estes óleos foram considerados como o tratamento menos eficaz no âmbito da presente investigação.

A maior percentagem significativa de mortalidade de adultos (46,62%) foi registada pelo óleo de rícino, que manteve a sua superioridade contra *S. oryzae* e foi encontrado a par do óleo de karanj (43,28%) e do óleo de algodão (39,94%). Os óleos de soja, mahua, sésamo, mostarda, coco e amendoim foram considerados igualmente eficazes, uma vez que estavam ao mesmo nível e registaram uma mortalidade de adultos entre 31,62 e 28,28 por cento. Entre todos os óleos avaliados, o óleo de amendoim e o óleo de coco foram notificados como os menos eficazes no âmbito da presente investigação após 150 DOS.

**Agrupados por períodos**

Os dados periódicos sobre a porcentagem de mortalidade de adultos de *S. oryzae* também foram agrupados e são apresentados na Tabela 4.5. Os resultados combinados sobre a mortalidade de adultos revelaram que o óleo de rícino (78,09%) foi significativamente superior a outros tratamentos. Os óleos de karanj (73,85%), algodão (67,85%) e soja (63,53%) também foram considerados mais eficazes do que os restantes óleos (Quadro 4.5). O óleo de coco registou 56,59% de mortalidade de adultos, seguido do óleo de mahua (56,30). Além disso, estes óleos não diferiram significativamente entre si e, por conseguinte, revelaram-se igualmente eficazes. Não se registou uma diferença significativa entre o óleo de sésamo (52,04) e o óleo de mostarda (51,77). O óleo de amendoim registou uma percentagem significativamente mais baixa (46,68) de mortalidade de adultos de *S. oryzae* quando comparado com os restantes tratamentos com óleo. Assim, o óleo de amendoim provou ser o tratamento menos eficaz contra *S. oryzae* em termos de mortalidade de adultos.

Os dados periódicos (Quadro 4.5) indicaram ainda que o óleo de rícino apresentou mais de 70% de mortalidade adulta até 120 DOS, enquanto o óleo de karanj e de algodão até 75 DOS e o óleo de soja e de coco até 60 DOS, o óleo de amendoim até 45 DOS, o óleo de sésamo e de mostarda até 30 DOS e o óleo de mahua até apenas 15 DOS. Os óleos de algodão, rícino e karanj mantiveram 50% da mortalidade adulta até 105, 120 e 135 DOS. Os óleos de soja e de mahua até 90 DOS. Já os óleos de sésamo, coco e amendoim mantiveram a mortalidade adulta até 75 DOS. O óleo de mostarda manteve 50 por cento de mortalidade adulta apenas até 60 DOS. Em geral, a percentagem de mortalidade diminuiu à medida que o período de armazenamento aumentou, como no caso de todos os tratamentos com óleos vegetais no âmbito do presente estudo contra *S. oryzae* que infestava o trigo armazenado. A interação, efeito do tratamento × período, também foi considerada significativa, indicando a consistência de vários tratamentos ao longo dos períodos.

De um modo geral, entre os diferentes óleos vegetais objeto da presente investigação, os óleos de rícino, algodão e soja registaram uma maior mortalidade de adultos de *S. oryzae* em diferentes períodos de armazenamento do trigo e, como tal, estes óleos vegetais foram considerados mais eficazes. Existe pouca informação disponível sobre estes tratamentos com óleos contra *S. oryzae* que infesta o trigo armazenado. Agrawal *etal.*(1988) referiram que os óleos de nim e de rícino foram considerados eficazes contra o escaravelho das leguminosas e *S. oryzae* no trigo. Por conseguinte, estes relatórios estão em estreita concordância com os presentes resultados. Deb (2011) referiu que os óleos de amendoim, palma e mostarda eram menos eficazes contra *S.oryzae*. *Arveet, al* (2014) também registou a mortalidade mais baixa em óleo de amendoim, o que foi semelhante aos presentes resultados.

**4.2.2 Avaliação baseada em óleos vegetais sobre a meia-vida e a persistência bruta do gorgulho do arroz, *S. oryzae***

A eficácia dos óleos vegetais como protectores de grãos foi também avaliada com base na semi-vida e no valor de persistência bruta durante seis meses de armazenamento de trigo e os dados são apresentados no Quadro 4.6.

**Meia-vida**

A meia-vida de mortalidade é o tempo, em dias, necessário para reduzir a mortalidade para metade da mortalidade inicial. As meias-vidas variaram entre 68,64 e 134,99 dias entre os vários óleos vegetais durante seis meses de armazenamento de trigo (Quadro 4.6). O óleo de rícino a 0,5 por cento (v/w) registou o valor mais elevado (134,99 dias) de semi-vida, seguido do óleo de karanj (120,92 dias) e do óleo de algodão (106,97 dias). Não houve diferença significativa entre os valores de meia-vida da mostarda (74,91 dias), soja (74,49 dias) e sésamo (73,35 dias). No entanto, o óleo de amendoim (70,33 dias) foi encontrado a par dos óleos de soja e de sésamo. O óleo de côco (68,64 dias) foi encontrado a par com

**Quadro 4.5: Eficácia dos plantois como protetor dos cereais, com base na mortalidade periódica adulta de *S. oryzae* durante o armazenamento do trigo**

| Tratamentos | Mortalidade corrigida (%) após os dias de armazenamento indicados | | | | | |
|---|---|---|---|---|---|---|
| | 15 | 30 | 45 | 60 | 75 | 90 |
| Óleo de rícino 0,5 | 77.04a (94.98) | 73.76a (92.18) | 73.37a (91.81) | 68.63a (86.73) | 64.97a (82.10) | 58.98a (73.44) |
| Óleo de mostarda 0,5 | 67,37ef (85.20) | 64.78c (81.85) | 52.77d (63.40) | 53.74d (65.02) | 44.97e (49.95) | 43.05e (46.62) |
| Óleo de karanj 0,5 % | 73.37bc (91.81) | 73.37a (91.81) | 73.37a (91.81) | 62.88bc (79.23) | 65.92a (83.36) | 55.83b (68.46) |
| Óleo de amendoim 0,5 % | 64.66f (81.69) | 55.74e (68.32) | 51.78d (61.74) | 52.77d (63.40) | 45.93e (51.64) | 37.18g (36.54) |
| Óleo de soja 0,5 % | 71,92cd (90.37) | 70.08b (88.40) | 67.18b (84.97) | 64.97b (82.10) | 55.95b (68.66) | 48.84c (56.69) |
| Óleo de coco 0,5 % | 70.08de (88.40) | 63,52cd (80.12) | 64.97bc (82.10) | 60.05c (75.08) | 52.72c (63.31) | 41.14ef (43.30) |
| Óleo de algodão 0,5 % | 75,21ab (93.48) | 66.23c (83.76) | 66.11b (83.61) | 61.12c (76.67) | 56.97b (70.30) | 55.74b (68.32) |
| Óleo de sésamo 0,5 % | 68.63e (86.73) | 65.92c (83.36) | 53.74d (65.02) | 54.81d (66.79) | 46.90e (53.32) | 39,13fg (39.83) |
| Óleo de mahua 0,5 % | 69,52de (87.76) | 61.12d (76.67) | 62.37c (78.51) | 54.72d (66.65) | 49.81d (58.36) | 45.94d (51.65) |
| S.Em.± Tratamento (T) | 2.39 | 2.15 | 2.31 | 2.66 | 2.61 | 2.40 |
| Período | - | - | - | - | - | - |
| (P) | | | | | | |
| T×P | - | - | - | - | - | - |
| P | - | - | - | - | - | Sig. |
| T×P | - | - | - | - | - | Sig. |
| F Teste(T) | Sig. | Sig. | Sig. | Sig. | Sig. | Sig. |

45

| C.V. (%) | 5.85 | 5.64 | 6.39 | 7.77 | 8.43 | 8.81 |

**Quadro 4.5: Continuação**

| Tratamentos | Mortalidade corrigida (%) após os dias de armazenamento indicados | | | | |
|---|---|---|---|---|---|
| | **105** | **120** | **135** | **150** | **Agrupado** |
| Óleo de rícino 0,5 | 60.05a (75.08) | 56.97a (70.30) | 44.02a (48.30) | 43.05a (46.62) | 62.08a (78.09) |
| Óleo de mostarda 0,5 | 37.20d (36.57) | 32.12de (28.28) | 30,93de (26.42) | 33.14c (29.90) | 46.01f (51.77) |
| Óleo de karanj 0,5 % | 52.77b (63.40) | 47.86a (54.98) | 45.93a (51.64) | 41.13ab (43.28) | 59.24b (73.85) |
| Óleo de amendoim 0,5 % | 33.00g (28.09) | 29.91e (24.87) | 28.84e (23.27) | 32.12c (28.28) | 43.09g (46.68) |
| Óleo de soja 0,5 % | 44.98c (49.97) | 38.22cd (38.29) | 32.12cd (28.28) | 34.21c (31.62) | 52.85d (63.53) |
| Óleo de coco 0,5 % | 39.16ef (39.89) | 30,93cd (26.42) | 33.14cd (29.90) | 32.12c (28.28) | 48.78e (56.59) |
| Óleo de algodão 0,5 % | 50.76b (60.00) | 40.07b (44.90) | 41.14b (43.30) | 39.19b (39.94) | 55.45c (67.85) |
| Óleo de sésamo 0,5 % | 34.13fg (31.49) | 32.12cd (28.28) | 33.14cd (29.90) | 33.14c (29.90) | 46.17f (52.04) |
| Óleo de mahua 0,5 % | 37.18d (36.54) | 37.24c (36.63) | 34.13c (31.49) | 34.13c (31.49) | 48.62e (56.30) |
| S.Em.± Tratamento (T) | 2.38 | 2.19 | 1.82 | 1.83 | 0.72 |
| Período (P) | - | - | - | - | 0.76 |
| T×P | - | - | - | - | 2.29 |
| Teste F (T) | Sig. | Sig. | Sig. | Sig. | Sig. |
| | | | | | Sig. |

Notas:  1. Os valores entre parênteses são valores retransformados, os valores fora dos parênteses são valores transformados em arco-seno
2. As médias de tratamento com letra(s) em comum não são significativas pelo DNMRT a um nível de 5
3. Parâmetros significativos e respectiva interação: P e T x P

| | T×P | - | - | - | - | Sig. |
|---|---|---|---|---|---|---|
| **C.V. (%)** | | 9.55 | 9.84 | 8.78 | 8.86 | 7.73 |

**Notas:** 1. Os valores entre parênteses são valores retransformados, os valores fora dos parênteses são valores transformados em arco-seno

2. As médias de tratamento com letra(s) em comum não são significativas pelo DNMRT a um nível de 5

3.Parâmetros significativos e sua interação: P e T x P

óleo de amendoim. No âmbito do presente inquérito, o óleo de coco foi considerado comparativamente pobre, tendo em conta os dados relativos ao seu valor de meia-vida.

A partir da presente investigação, o valor de meia-vida mais elevado foi registado nos óleos de rícino (134,99 dias), karanj (120,92 dias) e algodão (106,97 dias). Além disso, o óleo de amendoim e o óleo de coco tiveram a semi-vida mais baixa (68,64 dias). Analisando as informações anteriores, Deb (2011) relatou que o óleo de amendoim tinha menos meia-vida (54 dias) em milho armazenado contra *S. oryzae,* o que apoia a presente descoberta. Suthar (2014) registou uma meia-vida de 83 dias contra o valor dos óleos de rícino e de amendoim para *C. chinensis* que infestava a grama preta. A diferença nos dias de meia-vida pode dever-se a diferentes materiais alimentares estudados.

**Persistência bruta**

Os valores de persistência bruta são apresentados na Tabela 4.6. O óleo de rícino foi significativamente superior aos outros tratamentos, com 5602,5, seguido pelos óleos de karanj, algodão, soja, Mahua e coco, com valores de persistência bruta de 5207,5, 4720, 4137,5, 3742,5 e 3625, respetivamente. Os óleos de mostarda e de sésamo registaram valores de persistência bruta de 3377,5 e 3360, que foram iguais entre si. O amendoim registou uma persistência bruta significativamente mais baixa (3040) e provou ser o tratamento de óleo menos eficaz contra *S. oryzae* em trigo armazenado.

Com base na persistência bruta, os óleos de rícino, karanj e algodão registaram valores mais elevados (5207,5 a 4137,5) em comparação com os restantes tratamentos com óleo vegetal. O óleo de amendoim registou a persistência bruta mais baixa (3040). Os presentes resultados não puderam ser comparados com trabalhos efectuados noutros locais, uma vez que existe pouca informação disponível sobre o armazenamento de trigo. No entanto, Deb (2011) relatou que o óleo de amendoim teve uma persistência bruta (3257,5) em milho armazenado contra *S. oryzae.* Este facto pode dever-se ao estudo de grãos diferentes.

**4.2.3 Avaliação de óleos vegetais com base no crescimento populacional do gorgulho do arroz**

Os dados relativos ao número de adultos desenvolvidos após três e seis meses de armazenamento do trigo, a partir da libertação inicial de vinte adultos de *S. oryzae* durante 7 dias, são apresentados no quadro 4.7.

**Quadro 4.6:** Eficácia de vários óleos como protetor de grãos contra *S. oryzae* com base na meia-vida e na persistência bruta durante seis meses de armazenamento de trigo

| Tr. No. | Tratamentos | Meia-vida (dias) | Persistência bruta |
|---|---|---|---|
| 1 | Óleo de rícino 0,5 | 134.99a | 5602.5a |
| 2 | Óleo de mostarda 0,5 | 74.91e | 3377.5g |
| 3 | Óleo de karanj 0,5 | 120.92b | 5207.5b |
| 4 | Óleo de amendoim 0,5 % | 70,33fg | 3040.0h |
| 5 | Óleo de soja 0,5 % | 74,49ef | 4137.5d |
| 6 | Óleo de coco 0,5 % | 68.64g | 3625.0f |
| 7 | Óleo de algodão 0,5 % | 106.97c | 4720.0c |
| 8 | Óleo de sésamo 0,5 % | 73,35ef | 3360.0g |
| 9 | Óleo de mahua 0,5 % | 80.81d | 3742.5e |
| S.Em.± | | 5.71 | 106.70 |
| Teste F (T) | | Sig. | Sig. |

| C.V. (%) | 11.07 | 4.52 |
|---|---|---|



Os dados sobre o número de adultos desenvolvidos após três meses de armazenamento (Quadro 4.7) revelaram que todos os tratamentos com óleos foram significativamente superiores ao controlo na redução do aparecimento de adultos do gorgulho do arroz. O número significativamente mais baixo de gorgulho do arroz foi registado nos tratamentos com óleos de algodão (23,55) e rícino (28,16). Karanj, mostarda, soja

registaram 34,21, 37,64 e 38,27 de emergência de adultos, respetivamente, e estão ao mesmo nível que o óleo de coco (42,83). Entre os óleos avaliados, o óleo de amendoim foi considerado o óleo mais inferior em termos de eficácia, registando a emergência mais elevada (56,59) de adultos do gorgulho do arroz, seguido do óleo de sésamo (52,60) e do óleo de mahua (51,43), que foram registados ao mesmo nível.

**Quadro 4.7: Eficácia dos óleos vegetais contra *S. oryzae* com base no crescimento da população durante o armazenamento de trigo**

| Tr. No. | Tratamentos | Número de adultos saídos | | |
|---|---|---|---|---|
| | | Meses após a armazenagem | | Agrupado |
| | | 3 | 6 | |
| 1 | Óleo de rícino 0,5 | 5.35ef (28.16) | 7.17d (50.93) | 6.26fg (38.72) |
| 2 | Óleo de mostarda 0,5 | 6.17de (37.64) | 8.34bc (69.08) | 7.25de (52.19) |
| 3 | Óleo de karanj 0,5 | 5,89de (34.21) | 7.40cd (54.30) | 6,64ef (43.69) |
| 4 | Óleo de amendoim 0,5 % | 7.55b (56.59) | 9.23b (84.88) | 8.39b (70.02) |
| 5 | Óleo de soja 0,5 % | 6.22cde (38.27) | 8.60b (73.62) | 7,41cd (54.52) |
| 6 | Óleo de coco 0,5 % | 6.58bcd (42.83) | 8.68b (74.93) | 7,63cd (57.78) |
| 7 | Óleo de algodão 0,5 % | 4.902f | 6.88d | 5.89g |

| | | (23.55) | (46.87) | (34.23) |
|---|---|---|---|---|
| 8 | Óleo de sésamo 0,5 % | 7.28b (52.60) | 8.81b (77.19) | 8.05bc (64.31) |
| 9 | Óleo de mahua 0,5 % | 7.20bc (51.43) | 8.61b (73.73) | 7.91bcd (62.08) |
| 10 | Controlo não tratado | 11.67a (135.88) | 11.70a (136.6) | 11.69a (136.16) |
| **S.Em.±** | Tratamento (T) | 0.30 | 0.33 | 0.22 |
| | Período (P) | - | - | 0.10 |
| | T × P | - | - | 0.31 |
| **Teste F (T)** | | Sig. | Sig. | Sig. |
| | P | - | - | Sig. |
| | T× P | - | - | Sig. |
| **C.V. (%)** | | 7.63 | 6.72 | 7.14 |

**Notas:**

1. Os valores entre parênteses são valores retransformados, os $\sqrt{X\square0.5}$ valores fora dos parênteses são valores transformados.
2. As médias dos tratamentos com letra(s) em comum não são significativas pelo teste DNMRT (Duncan's New Multiple Range Test) a um nível de significância de 5%.
3. Parâmetros significativos e sua interação: P e T x P

Os dados actuais sobre o número de adultos que emergiram após seis meses de armazenamento (Quadro 4.7) mostraram que todos os tratamentos com óleo registaram uma população de emergência de adultos do gorgulho do arroz significativamente inferior à do controlo. O óleo de algodão (46,87) e o óleo de rícino (50,93) registaram uma população adulta significativamente mais baixa e estão ao mesmo nível que o óleo de karanj (54,30). Os óleos de mostarda, soja, mahua, coco, sésamo e amendoim foram considerados igualmente eficazes e registaram 69,08, 73,62, 73,73, 74,93, 77,19 e 84,88 de emergência de adultos, respetivamente, e não diferiram significativamente entre si. A emergência de adultos significativamente mais elevada (84,88) foi observada no óleo de amendoim, menos eficaz do que o resto dos outros tratamentos com óleo.

Com base nos dados agrupados (Tabela 4.7), é evidente que todos os tratamentos com óleo registaram uma emergência significativa de adultos (34,23 a 70,02 adultos), diferindo significativamente do controlo (136,16). Observou-se que o menor número de adultos emergiu do óleo de algodão (34,23), óleo de rícino (38,72) e óleo de karanj (43,69). Além disso, estes tratamentos com óleo foram considerados mais eficazes contra *S. oryzae* infestando trigo armazenado. O óleo de mostarda (52,19) foi o seguinte em termos de eficácia, seguido do óleo de soja (54,52), do óleo de coco (57,78), do óleo de mahua (62,08) e do óleo de sésamo (64,31), que foram equivalentes entre si. A maior emergência significativa de adultos (70,02) foi registada no tratamento com óleo de amendoim, seguido de óleo de sésamo (64,31). O tratamento com óleo de amendoim revelou-se menos eficaz contra *S. oryzae* com base no crescimento da população em trigo armazenado entre os tratamentos com óleos protectores.

Com base no crescimento da população (adultos desenvolvidos) de *S. oryzae* após 3 e 6 meses de armazenamento, os óleos de algodão, rícino e karanj foram considerados altamente eficazes, uma vez que surgiram menos adultos. Os óleos de mostarda, soja, coco e mahua foram considerados como um grupo de tratamentos moderadamente eficaz. Em contraste, os óleos de amendoim e de sésamo foram menos eficazes, uma vez que a emergência de adultos foi maior nestes tratamentos.

Qiand Burk holder (1981) afirmaram que o óleo de semente de algodão e o óleo de amendoim diminuíram a produção de descendência de *Sitophilus granaries* @5ml/kg de semente de trigo. Jilu *et al.* (2018) verificaram que os óleos de rícino e de neem eram altamente eficazes, uma vez que surgia um menor número de adultos contra o milho *Rhyzopertha* dominicain.

**4.2.4 Teste organolético**

Os dados sobre as qualidades organolépticas após seis meses de armazenamento são apresentados no Quadro 4.8, que revela que o sabor e o cheiro do *chapati* feito de trigo tratado com óleo de karanj (classificação 5,44) e mahua il (6,88) são significativamente mais desagradáveis do que o óleo de rícino

(8,49). Assim, o óleo de rícino foi considerado organolepticamente mais aceitável.

**Quadro 4.8:** Efeito dos óleos não comestíveis nas qualidades organolépticas (sabor e cheiro) dos grãos de trigo após seis meses de armazenagem

| N.º de tr. | Tratamentos | Classificação (de 10) |
|---|---|---|
| 1 | Óleo de karanj 0,5 % | 5 (5.44) |
| 2 | Óleo de rícino 0,5 | 8 (8.49) |
| 3 | Óleo de mahua 0,5 % | 6.4 (6.88) |
| S.Em.± | | 0.09 |
| Teste F (T) | | Sig. |
| C.V. (%) | | 7.11 |

**Nota**: Os números entre parêntesis são valores retransformados, os que não estão entre parêntesis são valores $\sqrt{x + 0.5}$ valores transformados.

Com base no teste organolético efectuado no âmbito do presente estudo, o óleo de rícino foi considerado organolepticamente mais aceitável, seguido dos óleos de mahua e karanj. Kher (2006) considerou o óleo de rícino mais aceitável do ponto de vista organolético no trigo. Deb (2011) referiu que o óleo de neem tratado com grãos de milho era organolepticamente mais aceitável, seguido do óleo de rícino. Suthar (2014) também apoiou os presentes resultados e observou que os grãos de grama preta tratados com óleo de rícino eram mais aceitáveis em comparação com o óleo de neem. Assim, os resultados actuais estavam estreitamente associados aos relatórios anteriores.

**4.3 Avaliação de materiais botânicos como protectores de grãos contra o gorgulho do arroz, s. _Oryzae_**

Nove produtos botânicos (Quadro 4.9) a 2 por cento (v/w) foram testados em laboratório quanto à sua eficácia protetora dos grãos de trigo contra *S. oryzae*. A eficácia dos produtos botânicos como protectores de grãos foi avaliada com base no seu efeito na mortalidade de adultos, meia-vida e persistência bruta, bem como no crescimento da população.

### 4.3.1 Avaliação com base na mortalidade Avaliação periódica

Os dados sobre a percentagem corrigida de mortalidade de *S. oryzae* obtidos em cada experiência realizada a 15 dias de intervalo durante um período de armazenamento de seis meses são apresentados no Quadro 4.9 e representados graficamente na Fig. 3.

A partir dos resultados, verificou-se que o pó de sementes de anona registou uma mortalidade de adultos significativamente mais elevada (93,48%) aos 15 dias de armazenamento (DOS). O pó de folhas de hortelã foi o seguinte na ordem e registou (88,83%), seguido de folhas de eucalipto com 83,61% de mortalidade adulta, o que foi encontrado a par das folhas de neem (83,36%). O pó de folha de Tulsi (60,05%), o pó de folha de anona (58,34%), o pó de casca de laranja (58,31%) e o pó de folha de alho (56,64%) foram igualmente eficazes e não diferiram significativamente entre si. A percentagem significativamente mais baixa (44,97) de mortalidade de adultos foi registada nos pós de folhas de ardusi, que se verificou ser o pó de folhas menos eficaz.

Após 30 DOS, a mortalidade adulta mais elevada foi registada no pó de sementes de anona (91,81%). O pó de folhas de hortelã foi o seguinte na ordem e registou 75,08% de mortalidade de adultos. O pó de folhas de eucalipto (68,32%) e o pó de folhas de nim (66,79%) foram considerados igualmente eficazes, uma vez que ambos não diferiram significativamente entre si e, por conseguinte, foram considerados a par do pó de folhas de hortelã. Os tratamentos com pó de folhas de tulsi e de anona foram estatisticamente tão eficazes como o pó de folhas de nim, com 61,68, 60,00 e 66,79% de mortalidade de adultos, respetivamente. A mortalidade adulta mais baixa

(41,58%) foi registada no pó de folhas de ardusi, seguida do pó de folhas de alho (49,97%) e do pó de casca de laranja (53,3%).

Entre os vários materiais botânicos, o pó de sementes de anona e (83,36%) foram significativamente mais eficazes após 45 DOS (Quadro 4.9), seguidos do pó de folhas de hortelã (73,33%). O pó de folhas de nim, o pó de folhas de anona, o pó de folhas de eucalipto e o pó de casca de laranja registaram 63,4, 56,71, 56,66 e 54,98% de mortalidade de adultos, respetivamente, e estavam ao mesmo nível que o pó de folhas de tulsi (60,11%). Entre os materiais botânicos avaliados, o pó de folhas de ardusi registou uma mortalidade adulta mais baixa (38,20%) e igual à do pó de folhas de alho (41,63%).

Após 60 DOS, o pó de sementes de anona (78,34%) e o pó de folhas de hortelã (71,66%) permaneceram superiores no controlo de adultos de *S. oryzae* em grãos de trigo. O pó de folhas de neem, o pó de folhas de anona e o pó de folhas de tulsi registaram 54,98, 53,32 e 51,64% de mortalidade de adultos, respetivamente, e mantiveram-se ao mesmo nível que o pó de folhas de eucalipto (56,64%). O pó de folha de alho e o pó de casca de laranja apresentaram 39,94 e 38,26% de mortalidade de adultos, que foram igualmente eficazes. A mortalidade adulta significativa mais baixa foi registada no pó de folhas de ardusi (27,95%).

O pó de sementes de anona e o pó de folhas de hortelã mantiveram a sua superioridade em comparação com os restantes pós e registaram 73,33 e 66,65% de mortalidade de adultos, respetivamente, após 75 DOS. O pó de folhas de neem, o pó de folhas de anona e o pó de folhas de tulsi apresentaram uma mortalidade de adultos entre 44,95 e 46,62% e foram considerados iguais ao pó de folhas de eucalipto (46,63%) no controlo de *adultos de S. oryzae* em grãos de trigo. O pó de folhas de alho e o pó de cascas de laranja registaram 33,29 e 34,92% de mortalidade de adultos, que foram iguais entre si. A mortalidade mais baixa de adultos foi registada no pó de folhas de ardusi (24,87%).

Após 90 DOS, o pó de semente de anona (68,32%) e o pó de folha de hortelã (66,65%) registaram uma tendência semelhante à observada em 75 DOS e foram iguais entre si. O pó de folhas de tulsi e o pó de folhas de eucalipto foram igualmente eficazes, com 39,94 de mortalidade de adultos, seguidos pelo pó de folhas de anona (36,63%) e pelo pó de casca de laranja (34,92%), e estes foram iguais ao pó de folhas de nim (41,63%). O pó de folhas de Ardusi (24,87%) registou uma mortalidade adulta mais baixa e foi equiparado ao pó de folhas de alho, com 31,62% de mortalidade adulta.

Entre os vários materiais botânicos testados, o pó de sementes de anona (63,31%) e o pó de folhas de hortelã (58,31%) foram considerados significativamente mais eficazes para a mortalidade de adultos após105DOS. O pó de folhas de tulsi, o pó de folhas de nim, o pó de folhas de anona, o pó de folhas de nim e o pó de folhas de eucalipto foram considerados igualmente eficazes e a mortalidade de adultos registada varia entre 33,29 e 36,63%. O pó de casca de laranja foi o seguinte na ordem e registou 24,87% de mortalidade de adultos. No entanto, o pó de folhas de ardusi (19,83%) registou a mortalidade mais baixa de adultos do gorgulho do arroz, a par do pó de folhas de alho (21,61%).

Após 120 dias de armazenamento do trigo, a maior mortalidade significativa de adultos foi registada no pó de sementes de anona (58,36%), seguido do pó de folhas de hortelã (51,64%) e do pó de folhas de eucalipto (33,29%). O pó de folha de anona e o pó de folha de tulsi registaram 24,87% e 23,27% de mortalidade adulta, respetivamente, e estavam ao mesmo nível. O pó de folhas de alho e o pó de casca de laranja foram considerados igualmente eficazes e registaram 18,26% de mortalidade. Por outro lado, a mortalidade adulta mais baixa foi registada em 13,23% no pó de folhas de ardusi.

Depois de 135 DOS, o pó de sementes de anona e o pó de folhas de hortelã (46,63%) foram considerados mais eficazes e foram registados ao mesmo nível que o pó de folhas de eucalipto (26,62%). O pó de folhas de tulsi (21,61%) foi o seguinte, seguido do pó de folhas de anona, que registou

19,83% de mortalidade adulta, estando ao mesmo nível. O pó de folhas de Ardusi (13,23%) registou a mortalidade adulta mais baixa. Seguiram-se o pó de folha de alho e o pó de folha de neem, que foram igualmente eficazes, uma vez que ambos registaram 14,75 por cento de mortalidade adulta e estavam ao mesmo nível que o pó de casca de laranja (16,59%).

No que diz respeito à mortalidade de adultos do gorgulho do arroz após 150 DOS, a maior percentagem significativa (44,95%) de mortalidade de adultos foi registada no pó de sementes de anona, a par do pó de folhas de hortelã (41,63%). O pó de folhas de eucalipto foi o seguinte e registou 21,61% de mortalidade de adultos. O pó de casca de laranja e a folha de nim foram considerados igualmente eficazes e registaram uma mortalidade de adultos de 13,23%, seguidos do pó de folha de anona, que se manteve ao mesmo nível que o pó de folha de tulsi (16,59%). O pó de folhas de ardusi registou a mortalidade adulta mais baixa (6,48%), seguido do pó de folhas de alho (8,15%), que se mantiveram ao mesmo nível.

**Agrupados por períodos**

Com base em dados agrupados sobre a mortalidade de adultos de *S. oryzae*, o pó de sementes de anona (71,78%) foi significativamente superior aos restantes tratamentos (Quadro 4.9). O pó de folhas de hortelã (64,73%) foi o seguinte, seguido pelo pó de folhas de eucalipto (47,04%) na gestão da mortalidade de adultos. O pó de folhas de anona, o pó de folhas de tulsi e o pó de folhas de nim registaram 39,91, 40,77 e 43,67 por cento de mortalidade de adultos, respetivamente, que estavam ao mesmo nível que o pó de folhas de eucalipto (47,04%). Por outro lado, o pó de folhas de ardusi registou a mortalidade adulta mais baixa (24,4%), seguido do pó de folhas de alho (30,43%) e do pó de casca de laranja (33,85%).

O período, uma das fontes da ANOVA, também indicou que havia uma diferença significativa entre as mortalidades médias obtidas em diferentes períodos, o que se deveu à diminuição da eficácia de todos os tratamentos à medida que o período de armazenamento aumentava. A interação (tratamento ×

período) também foi significativa, indicando um desempenho inconsistente de vários materiais botânicos em diferentes períodos de armazenamento.

Os dados periódicos revelaram ainda que todos os pós botânicos de lea testados não conseguiram dar mais de 70 por cento de mortalidade. A mortalidade média registou 71,40 por cento após 15 DOS, que diminuiu para 64,07 por cento após 30 DOS (Quadro 4.9).

Com base na mortalidade de adultos, os pós de sementes de anona, folhas de hortelã e folhas de eucalipto a 2% (p/p) foram considerados altamente eficazes contra *S. oryzae,* em trigo armazenado no presente estudo. Bhanderi *et al.* (2015) e Ansari e Srivastava (2004) também descobriram que o pó de semente de maçã foi considerado altamente eficaz na minimização da perda de peso e dos danos aos grãos em arroz armazenado causados por *S. oryzae.* Estes resultados coincidem com os presentes resultados.

**Quadro 4.9: Eficácia dos pós botânicos como protetor de grãos com base na mortalidade periódica de adultos de *S. oryzae* durante o armazenamento de trigo**

| Tratamentos | Mortalidade corrigida (%) após os dias de armazenamento indicados | | | | | |
|---|---|---|---|---|---|---|
| | 15 | 30 | 45 | 60 | 75 | 90 |
| Folha de anona em pó2% | 49.80d (58.34) | 50.76d (60.00) | 48,85de (56.71) | 46,90cd (53.32) | 43.05c (46.62) | 37,24cd (36.63) |
| Folha de Tulsi em pó2% | 50.79d (60.05) | 51.75d (61.68) | 50,83cd (60.11) | 45.93d (51.64) | 42.10c (44.95) | 39.19bc (39.94) |
| Folha de hortelã em pó2% | 70.47b (88.83) | 60.05b (75.08) | 58.90b (73.33) | 57.83b (71.66) | 54.72b (66.65) | 54.72a (66.65) |
| Pó de folhas de eucalipto2% | 66.11c (83.61) | 55.74c (68.32) | 48,82de (56.66) | 48.81c (56.64) | 43.06c (46.63) | 39.19bc (39.94) |
| Folha de Ardusi em pó2% | 42.11e (44.97) | 40.15f (41.58) | 38.17f (38.20) | 31.91f (27.95) | 29.91e (24.87) | 29.91f (24.87) |
| Folha de alho em pó2% | 48.81d (56.64) | 44.98e (49.97) | 40.18f (41.63) | 39.19e (39.94) | 35.23d (33.29) | 34.21e (31.62) |
| Pó de folhas de Neem2% | 65.92c (83.36) | 54.81c (66.79) | 52.77c (63.40) | 47,86cd (54.98) | 42.10c (44.95) | 40.18b (41.63) |
| Pó de casca de laranja2% | 49.78d (58.31) | 46.89e (53.30) | 47.86e (54.98) | 38.20e (38.26) | 36.22d (34.92) | 36.22dc (34.92) |
| Sementes de anona em pó2% | 75.21a (93.48) | 73.37a (91.81) | 65.92a (83.36) | 62.26a (78.34) | 58.90a (73.33) | 55.74a (68.32) |
| S.Em.± Tratamento (T) | 2.03 | 1.897 | 2.29 | 1.87 | 1.59 | 1.39 |
| Período (P) | - | - | - | - | - | - |
| T×P | - | - | - | - | - | - |
| Teste F (T) | Sig. | Sig. | Sig. | Sig. | Sig. | Sig. |
| P | - | - | - | - | - | Sig. |
| T×P | - | - | - | - | - | Sig. |

| C.V. (%) | 6.11 | 6.18 | 7.92 | 6.99 | 6.44 | 5.92 |

**Notas:** 1. Os valores entre parênteses são valores retransformados, os valores fora dos parênteses são valores transformados em arco-seno
2. As médias de tratamento com letra(s) em comum não são significativas pelo DNMRT a um nível de 5
3.Parâmetros significativos e sua interação: P e T x P

**Quadro 4.9: Continuação**

| Tratamentos | Mortalidade corrigida (%) após os dias de armazenamento indicados | | | | |
|---|---|---|---|---|---|
| | 105 | 120 | 135 | 150 | Agrupado |
| Folha de anona em pó2% | 36.22c (34.92) | 29.91d (24.87) | 26.43c (19.83) | 22,58cd (14.75) | 39.17e (39.91) |
| Folha de Tulsi em pó2% | 35.23c (33.29) | 28.84d (23.27) | 27.69c (21.61) | 24.03c (16.59) | 39,64de (40.77) |
| Folha de hortelã em pó2% | 49.78b (58.31) | 45.93b (51.64) | 43.06a (46.63) | 40.18a (41.63) | 53.56b (64.73) |
| Pó de folhas de eucalipto2% | 37.24c (36.63) | 35.23c (33.29) | 31.05b (26.62) | 27.69b (21.61) | 43.30c (47.04) |
| Folha de Ardusi em pó2% | 26.43e (19.83) | 21.32f (13.23) | 21.32e (13.23) | 14.75e (6.48) | 29.60h (24.40) |
| Folha de alho em pó2% | 27.69e (21.61) | 25.29e (18.26) | 22,58de (14.75) | 16.59e (8.15) | 33.48g (30.43) |
| Pó de folhas de Neem2% | 37.24c (36.63) | 28.84d (23.27) | 22,58de (14.75) | 21.32d (13.23) | 41.36d (43.67) |
| Pó de casca de laranja2% | 29.91d (24.87) | 25.29e (18.26) | (14.75)d (16.59) | 21.32d (13.23) | 35.57f (33.85) |
| Pó de semente de maçã-preta2% | 52.72a (63.31) | 49.81a (58.36) | 43.06a (46.63) | 42.10a (44.95) | 57.91a (71.78) |
| **S.Em.± Tratamento** (T) | 1.38 | 1.49 | 1.61 | 1.60 | 0.55 |
| **Período** (P) | - | - | - | - | 0.58 |

| Teste F (T) | | | | | | |
|---|---|---|---|---|---|---|
| | T×P | - | - | - | - | 1.74 |
| Teste F (T) | | Sig. | Sig. | Sig. | Sig. | Sig. |
| | P | - | - | - | - | Sig. |
| | T×P | - | - | -- | - | Sig. |
| C.V. (%) | | 6.49 | 8.02 | 9.58 | 10.82 | 7.26 |

**Notas:** 1. Os valores entre parênteses são valores retransformados, os valores fora dos parênteses são valores transformados em arco-seno

2. As médias de tratamento com letra(s) em comum não são significativas pelo DNMRT a um nível de 5

3.Parâmetros significativos e sua interação: P e T x P

O pó de folhas de anona, o pó de folhas de tulsi e o pó de folhas de nim também foram considerados moderadamente eficazes. O pó de folhas de Ardusi registou a mortalidade adulta mais baixa, seguido do pó de folhas de alho e do pó de casca de laranja. Deb *et al.* (2015) concluíram, a partir dos resultados da mortalidade de adultos, que os pós de folhas de eucalipto, tulsi e neem registaram a maior mortalidade de *S.oryzae* em diferentes períodos de armazenamento, considerados os tratamentos mais eficazes. Choudhary (2012) constatou que os pós de nim e de eucalipto registaram uma maior mortalidade de adultos de *C. chinensis* em feijão-frade e soja armazenados, respetivamente. Além disso, os resultados da investigação também revelaram que o pó de ardusi foi considerado o tratamento mais inferior contra o *C. chinensis* que infestava o feijão-frade armazenado. Na presente investigação, o ardusi também provou ser o produto botânico mais inferior. Assim, os veredictos actuais são mais ou menos semelhantes às conclusões anteriores.

**4.3.2 Avaliação de pós botânicos com base na meia-vida e na persistência bruta do gorgulho do arroz, *S. oryzae***

A eficácia dos materiais botânicos como protectores de grãos foi também avaliada com base nos valores de meia-vida e de persistência bruta, calculados com base em réplicas para diferentes materiais botânicos e submetidos a ANOVA. Os dados sobre a meia-vida em dias e os valores de persistência bruta são apresentados no Quadro 4.10.

**Meia-vida**

Os valores da meia-vida variaram de 54,12 a 138,87 dias entre vários materiais botânicos (Quadro 4.10). A semi-vida mais elevada (138,87 dias) foi registada no pó de folhas de hortelã, o que indica que a mortalidade de adultos de *S. oryzae* só foi reduzida para menos de 50% após cerca de 138,87 dias de armazenamento de grãos de trigo tratados com pó de folhas de hortelã a 2%, seguido de pó de sementes de anona (124,11 dias). O pó de folhas de eucalipto registou uma meia-vida de 75,24 dias, seguida de tulsi (68,91 dias) e pó de folhas de anona (66,58 dias). O pó de casca de laranja registou uma meia-vida de 60,47 dias. O valor mais baixo e significativo (54,12 dias) de meia-vida foi registado no tratamento com pó de folhas de alho, seguido de pó de folhas de ardusi (54,45 dias) e pó de folhas de neem (51,71 dias). Estes três pós de folhas botânicas mantiveram-se a par uns dos outros.

**Quadro 4.10: Eficácia de vários botânicos como protetor de grãos contra *S. oryzae* com base na meia-vida e persistência bruta durante seis meses de armazenamento de trigo**

| Tr. No. | Tratamentos | Meia-vida (dias) | Persistência bruta |
|---|---|---|---|
| 1 | Folha de anona em pó 2 % | 66.58d | 2685.0e |
| 2 | Folha de Tulsi em pó 2 % | 68.91d | 2725.0d |
| 3 | Folha de hortelã em pó 2 % | 138.87a | 4705.0b |
| 4 | Pó de folhas de eucalipto 2 % | 75.24c | 3105.0c |
| 5 | Folha de Ardusi em pó 2 % | 54.45f | 1597.5h |
| 6 | Alho em pó 2 % | 54.12f | 1972.5g |
| 7 | Pó de folhas de Neem 2 % | 51.71f | 2720.0d |
| 8 | Casca de laranja em pó 2 % | 60.47e | 2210.0f |
| 9 | Pó de sementes de ananás 2 % | 124.11b | 5095a |
| **S.Em.±** | | 4.86 | 71.36 |
| **Teste F (T)** | | Sig. | Sig. |

| C.V. (%) | 10.91 | 4.4 |
|---|---|---|
| | | 4 |



A meia-vida foi mais elevada no caso do pó de folhas de hortelã, do pó de sementes de anona e do pó de folhas de eucalipto, ao passo que foi mais baixa no caso dos tratamentos com alho, ardusi e pó de neem no âmbito da presente investigação. Existe pouca informação disponível sobre pós botânicos relativos a *S. oryzae* que infestam trigo armazenado. Contudo, Deb (2014) referiu que o pó de folhas de tulsi, eucalipto e neem a 2% registou uma semi-vida mais elevada contra *S. oryzae* que infestava o milho armazenado.

**Persistência bruta**

Com base nos valores de persistência bruta (Quadro 4.10), o pó de sementes de anona (5095) surgiu como o pó mais eficaz, seguido do pó de folhas de hortelã (4705) e do pó de folhas de eucalipto (3105). O tulsi e o neem registaram uma persistência bruta de 2725 e 2720, respetivamente, e foram igualmente eficazes no grupo de tratamentos, seguidos do pó de folhas de anona (2685). O valor mais baixo de persistência bruta foi registado no pó de folhas de ardusi (1597,5), seguido do pó de folhas de alho (1972,5) e do pó de casca de laranja (2210). Estes pós botânicos revelaram-se menos eficazes contra *S. oryzae* que infestava o trigo armazenado, com base nos seus valores de persistência bruta.

O pó de sementes de anona, o pó de folhas de hortelã e o pó de folhas de eucalipto foram considerados superiormente eficazes, registando uma persistência bruta na ordem dos 5095 e 3105, respetivamente. O tulsi e o neem registaram uma persistência bruta na ordem dos 2725 e 2720, surgindo como um grupo de tratamentos igualmente eficaz, seguido do pó de folhas de anona (2685). O valor mais baixo de persistência bruta foi registado no pó de folhas de ardusi (1597,5), seguido do pó de folhas de alho (1972,5) e do pó de casca de laranja (2210). Deb (2011) referiu que os pós de folhas de eucalipto, tulsi e neem eram superiores aos restantes pós de folhas botânicas. O pó de folhas de hortelã foi menos persistente no milho armazenado, o que foi mais ou menos semelhante aos presentes resultados.

### 4.3.3 Avaliação de diferentes pós botânicos com base no crescimento populacional do gorgulho do arroz *S. oryzae*

Os dados sobre o número de adultos que emergiram após três meses de armazenamento no trigo (Quadro 4.11) indicam que todos os tratamentos diferiram significativamente do controlo (128,8). O pó de folhas de Neem foi o mais eficaz, registando o menor número de adultos (17,68), a par do pó de folhas de eucalipto (26,24) e do pó de sementes de anona (28,18). A hortelã, o tulsi e o pó de folhas de anona registaram 31,75, 37,51 e 46,24 adultos, respetivamente, e surgiram como grupo médio de tratamentos. O pó de folhas de alho (60,53) e o pó de casca de laranja (53,57) foram igualmente eficazes. No entanto, o pó de folhas de ardusi registou a maior (69) emergência de adultos e revelou-se o pó botânico menos eficaz para a gestão de *S. oryzae* que infestava o trigo armazenado, a par do pó de casca de laranja e do pó de folhas de alho.

A população também foi registada após seis meses de armazenamento e os dados são apresentados no Quadro 4.11 Entre os pós botânicos, a menor emergência de adultos foi registada no pó de sementes de anona (46,07), que foi encontrado a par do pó de folhas de hortelã (61,08). Além disso, estes produtos botânicos foram considerados comparativamente melhores do que os restantes pós botânicos contra *S. oryzae* que infestam o trigo armazenado. O pó de folhas de eucalipto e o pó de folhas de nim registaram 66,93 e 71,92 de emergência de adultos, respetivamente, e foram considerados igualmente eficazes, o que foi considerado igual ao pó de folhas de tulsi (83,37). O pó de folhas de ardusi registou uma emergência de adultos mais elevada (106,92) e igual à do alho (101,3) e do pó de casca de laranja

(100,64). Estes três pós botânicos (ardusi, alho e laranja) foram menos eficazes contra *S. oryzae* no trigo armazenado.

**Quadro 4.11: Eficácia dos produtos botânicos contra *S. oryzae* com base no crescimento da população durante o armazenamento de trigo**

| Tr. No. | Tratamentos | Número de adultos saídos | | |
|---|---|---|---|---|
| | | Meses após a armazenagem | | Agrup ado |
| | | 3 | 6 | |
| 1 | Folha de anona em pó 2 % | 6,83cde (46.24) | 9.21bc (84.37) | 8.02cd (63.89) |
| 2 | Folha de Tulsi em pó 2 % | 6.16def (37.51) | 9.15bc (83.37) | 7.66d (58.20) |
| 3 | Folha de hortelã em pó 2 % | 5.67ef (31.75) | 7,84cd (61.08) | 6.76e (45.24) |
| 4 | Pó de folhas de eucalipto 2 % | 5.17fg (26.24) | 8.21c (66.93) | 6.69e (44.27) |
| 5 | Folha de Ardusi em pó 2 % | 8.33b (69.00) | 10.36b (106.92) | 9.35b (86.93) |
| 6 | Alho em pó 2 % | 7.81bc (60.53) | 10.12b (101.30) | 8.96b (79.90) |
| 7 | Pó de folhas de Neem 2 % | 4.26g (17.68) | 8.50c (71.92) | 6.38e (40.29) |
| 8 | Casca de laranja em pó 2 % | 7.35bcd (53.57) | 10.05b (100.64) | 8.70bc (75.28) |
| 9 | Pó de sementes de anona 2 | 5.35fg (28.18) | 6.82d (46.07) | 6.08e (36.59) |
| 10 | Controlo | 11.37a (128.80) | 12.38a (153.00) | 11.88a (140.63) |
| S.Em. ± | Tratamento(T) | 0.37 | 0.41 | 0.28 |
| | Período(P) | - | - | 0.12 |
| | T×P | - | - | 0.39 |
| Teste F (T) | | Sig. | Sig. | Sig. |
| C.V. (%) | | 9.57 | 7.74 | 8.53 |

Notas: **1.** Os valores entre parêntesis são valores retransformados, os que estão fora são $\sqrt{X + 0.5}$ valores transformados

2. As médias dos tratamentos com letra(s) em comum não são significativas pelo teste DNMRT (Duncan's New Multiple Range Test) a um nível de significância de 5%

3.Parâmetros significativos e sua interação: P e T x P

Os dados agrupados sobre o crescimento da população (Quadro 4.11) revelaram que todos os pós botânicos registaram uma emergência de adultos significativamente mais baixa (36,59 a 86,93) do que o controlo (140,63). O pó de sementes de anona mostrou eficácia ao registar um número inferior (36,59) de adultos e estava ao mesmo nível que o pó de folhas de nim (40,29), o pó de folhas de eucalipto (44,27) e o pó de folhas de hortelã (45,24). Os pós de tulsi, de folha de anona e de casca de laranja registaram 58,20, 63,89 e 75,28 adultos, respetivamente. Entre os produtos botânicos avaliados, o crescimento populacional mais elevado (86,93) foi registado no pó de folhas de ardusi e foi igual ao do pó de folhas de alho (79,90). Do ponto de vista da população de *S. oryzae,* estes dois pós botânicos foram considerados menos eficazes.

Com base no crescimento da população de *S.oryzae* após 3 e 6 meses de armazenamento, o pó de sementes de anona, o pó de folhas de nim, de eucalipto e de hortelã foram considerados os mais eficazes no que respeita ao número de adultos desenvolvidos. Akob e Ewete (2009) referiram que a descendência F1 de *S. zeamais* apresentaram uma toxicidade significativa dos extractos etanólicos das folhas de *Ocimum gratissimum* e *Eucalyptus grandis.* O pó de folhas de tulsi, o pó de folhas de anona e o pó de casca de laranja foram moderadamente eficazes na supressão da praga. Por outro lado, o pó de folha de ardusi e a folha de alho foram menos eficazes, registando um maior número de adultos. Deb (2014) referiu que o pó de folha de alho foi menos eficaz, registando um maior número de adultos, o que é mais ou menos semelhante aos presentes resultados.

## Capítulo V

**Resumo e conclusão**

As investigações sobre "Manejo ecológico do gorgulho do arroz, *Sitophilus oryzae* Linnaeus.em trigo armazenado" foram realizadas no Departamento de Entomologia, BA College of Agriculture, Anand Agricultural University, Anand durante o ano de 2020-21. Os resultados obtidos a partir das investigações são resumidos a seguir.

**Suscetibilidade de variedades de trigo ao gorgulho do arroz, *S. oryzae***

Com base no crescimento populacional de *S. oryzae*, o menor número de adultos surgiu em GW11 (224,90), que se mostrou resistente a esta praga, enquanto GW322 (245,69), GW496 (253,33), HI1544 (234,74), GW173 (249,68) e LOK-1 (259,53) foram variedades menos susceptíveis. As variedades GW366 (315,35) e GW451 (358,34) foram consideradas moderadamente suscetíveis. As variedades GADW3 (420,04) e GW1 (421,50) apresentaram maior emergência de adultos e foram consideradas altamente suscetíveis contra S. *oryzae*.

Em termos de percentagem de perda de peso, o GW11 (11,11%) foi classificado no grupo resistente. As variedades GW366 (16,01%), GW322 (18,72%), GW496 (18,12%), HI1544 (22,04%) e LOK-1 (21,80%) foram agrupadas na categoria menos suscetível (LS). A variedade GW173 (25,62%) registou uma maior perda de peso e foi considerada como moderadamente suscetível. As variedades GW451 (50,18%), GADW3 (41,17%) e GW1 (43,68%) foram encontradas no grupo altamente suscetível.

Com base na percentagem de redução da germinação após seis meses de libertação de S. *oryzae*, a variedade de trigo LOK-1 (8,29%) registou uma percentagem de perda de germinação inferior e foi classificada como variedade resistente. As variedades GW496 (20,22%), HI1544 (16,60%) e GW11 (14,91%) foram classificadas como menos susceptíveis. GW366 (22,24%), GW322 (21,57%), GW451 (24,62%),

GW173 (25,43%) e GW1 (21,63%) foram consideradas moderadamente susceptíveis a *S. oryzae*. O GADW3 (34,64%) foi encontrado na categoria altamente suscetível no que diz respeito à redução da germinação.

Não houve nenhuma relação significativa entre os diferentes caracteres, *a saber,* comprimento da semente, largura e peso de 100 sementes (r=-0,41 a 0,51) de diferentes variedades com a perda de peso do grão por *S. oryzae*. Por outro lado, a correlação entre a dureza da semente e a perda de peso foi altamente significativa (r= -0,86**) e negativamente correlacionada com a perda de peso. Do ponto de vista da categorização, pode concluir-se que a GW11 emergiu como variedade resistente com base no crescimento da população e na perda de peso percentual devido a *S. oryzae*, enquanto que foi menos suscetível com base na redução percentual da germinação. A variedade LOK-1 foi considerada resistente com base na redução percentual da germinação, ao passo que foi menos suscetível com base no crescimento da população e na perda percentual de peso. As variedades GW496 e HI1544 foram consideradas menos susceptíveis e a GADW3 foi considerada altamente suscetível com base nos três parâmetros em estudo. As variedades GW366 e GW451 foram consideradas moderadamente susceptíveis com base no crescimento da população e na redução percentual da germinação, ao passo que foram consideradas menos susceptíveis e altamente susceptíveis, respetivamente, com base na perda de peso. GW 322 e GW173 foram menos susceptíveis e GW1 foi altamente suscetível com base no crescimento da população e na perda de peso em percentagem e estes três foram moderadamente susceptíveis, com base na redução em percentagem da germinação.

**Avaliação de diferentes óleos vegetais como protectores de grãos contra o gorgulho do arroz, *S. oryzae*, em trigo armazenado**

De um modo geral, pode concluir-se que, entre os óleos vegetais testados a 0,5% (v/w), o óleo de rícino (78,09) evoluiu para ser o tratamento mais eficaz, apresentando a mortalidade média mais elevada de adultos. Os óleos de karanj (73,85), de algodão (67,85) e de soja (63,53) também se revelaram mais eficazes do que os restantes óleos e foram os tratamentos eficazes seguintes. O óleo de coco registou 56,59% de mortalidade de adultos, seguido do óleo de mahua (56,30). Não se registaram diferenças significativas entre o óleo de sésamo (52,04) e o óleo de mostarda (51,77). O óleo de amendoim foi o tratamento menos eficaz (46,68).

Os diferentes óleos vegetais sob investigação registaram uma meia-vida de 68,64 a 134,99 dias. O valor de meia-vida de 134,99 dias no óleo de rícino foi considerado altamente eficaz, seguido do óleo de karanj (120,92 dias) e do óleo de algodão (106,97 dias). O óleo de mahua é registado como o próximo tratamento eficaz com 80,81 dias. Não houve diferença significativa entre os valores de meia-vida da mostarda (74,91 dias), soja (74,49 dias), sésamo (73,35 dias), amendoim (70,33 dias) e coco (68,64 dias). O valor mais baixo de meia-vida significativa foi observado no óleo de coco, que provou ser o tratamento de óleo mais inferior. O óleo de rícino foi considerado superiormente eficaz, registando uma persistência bruta na ordem dos 5602,5. Os óleos de karanj, algodão, soja, mahua e coco registaram valores de persistência bruta de 5207,5, 4720, 4137,5, 3742,5 e 3625, respetivamente. Os óleos de mostarda e de sésamo registaram 3377,5 e 3360 valores de persistência bruta e foram igualmente eficazes. A menor persistência bruta (3040) foi registada no óleo de amendoim e provou ser um tratamento de óleo menos persistente.

Com base no crescimento da população de *S. oryzae* após três e seis meses de armazenamento, o menor número de adultos foi registado em óleo de algodão (34,23), óleo de rícino (38,72) e óleo de karanj (43,69). Além disso, estes tratamentos com óleos foram mais eficazes contra *S. oryzae* que infestava o trigo armazenado. O óleo de mostarda (52,19) foi o seguinte em termos de eficácia, seguido do óleo de soja (54,52), do óleo de coco (57,78), do óleo de mahua (62,08) e do óleo de sésamo (64,31), que são igualmente eficazes. A emergência de adultos significativamente mais elevada (70,02) foi registada no tratamento com óleo de amendoim, seguido do óleo de sésamo (64,31), que foi considerado o menos eficaz.

Verificou-se que os grãos de trigo tratados com óleo de rícino a 0,5 por cento (v/w) eram organolepticamente mais aceitáveis, seguidos pelos óleos de mahua e karanj.

**Avaliação de materiais botânicos como protectores de grãos contra o gorgulho do arroz, *S. oryzae***

Os grãos de trigo tratados com diferentes materiais botânicos a 2% revelaram que, com base na percentagem de mortalidade de adultos de *S. oryzae*, o pó de sementes de anona (71,78%) foi significativamente superior aos restantes tratamentos. O pó de folhas de hortelã (64,73%) foi o próximo na ordem, seguido pelo pó de folhas de eucalipto com 47,04% de mortalidade adulta. O pó de folha de anona, o pó de folha de tulsi e o pó de folha de nim registaram 39,91, 40,77 e 43,67% de mortalidade adulta, respetivamente, e são tão eficazes como o pó de folha de eucalipto (47,04%). O pó de folhas de Ardusi (24,4%) registou a mortalidade mais baixa de adultos, seguido do pó de folhas de alho (30,43%) e do pó de casca de laranja (33,85%) durante o período de armazenamento do trigo.

Os diferentes pós botânicos sob investigação registaram uma meia-vida de 54,12 a 138,87 dias. O valor da meia-vida foi de 138,87 dias no pó de folhas de hortelã, que se revelou altamente eficaz, seguido pelo pó de sementes de anona (124,11 dias). O pó de folhas de eucalipto registou um valor de meia-vida de 75,24 dias, seguindo-se o pó de folhas de tulsi (68,91 dias) e o pó de folhas de anona (66,58 dias). O pó de casca de laranja registou 60,47 dias. Não houve diferença significativa entre os valores de meia-vida do tratamento com pó de folha de alho (54,12 dias), seguido pelo pó de folha de ardusi (54,45 dias) e pó de folha de nim (51,71 dias). O valor mais baixo e significativo (54,12 dias) de meia-vida foi registado no tratamento com pó de folhas de alho. O pó de sementes de anona foi considerado superiormente eficaz, registando uma persistência bruta de 5095, seguido do pó de folhas de hortelã (4705) e do pó de folhas de eucalipto (3105). O Tulsi e o neem registaram uma persistência bruta (2725) e (2720) e foram considerados como um grupo de tratamentos igualmente eficaz, seguidos pelo pó de folhas de anona (2685). O valor mais baixo de persistência bruta foi registado no pó de folhas de ardusi (1597,5), seguido pelo pó de folhas de alho (1972,5) e pelo pó de casca de laranja (2210).

Com base no crescimento da população de *S. oryzae*; o pó de sementes de anona foi significativamente mais eficaz com (36,59) emergência de adultos, seguido pelo pó de folhas de nim (40,29), pó de folhas de eucalipto (44,27) e pó de folhas de hortelã (45,24). Os pós de tulsi, folha de anona e casca de laranja registaram diferentes 58,2, 63,89 e 75,28 números de emergência de adultos, respetivamente. Entre os produtos botânicos avaliados, o crescimento populacional mais elevado (86,93) foi registado no pó de folhas de ardusi, tendo sido considerado igualmente eficaz, ao passo que o pó de folhas de alho (79,90) foi considerado menos eficaz.


**Bibiliografia**

Abbott, W. S. (1925). Um método para calcular a eficácia de um inseticida. *Journal of Economic Entomology*, 18 (2), 265-267.

Ahmad, A., Ali, Q. M., Baloch, P. A., Uddin, R., & Qadri, S. (2017). Efeito da infestação preliminar de três pragas de insetos de grãos armazenados *Tribolium castaneum*, (H) *Sitophils oryzae* (L.) e *Trogoderma granarium* (E), seu acúmulo populacional, perda de germinação e, consequentemente, perda de trigo durante o armazenamento. *Revista de Ciências Básicas e Aplicadas*, 13, 79-84.

Aitken, A. D. (1975). Viajantes de insectos I: Coleopteran Technical Bulletin HMSO. *Londres, Reino Unido*. p31.

Akob, C. A., & Ewete, F. K. (2009). Avaliação laboratorial da bioatividade de extractos etanólicos de plantas utilizadas para a proteção de milho armazenado contra *Sitophilus zeamais* Motschulsky nos Camarões. *African Entomology*, 17(1), 90-94.

Anónimo, (2015). Vision 2050. Instituto Indiano de Investigação do Trigo e da Cevada (ICAR), Karnal, Haryana.

Ansari, A. e Srivastava, A. K. (2004). Gestão do gorgulho do arroz, *Sitophilus oryzae* (Linn.) através de alguns materiais vegetais e pós inertes. *Indian Journal of Applied Entomology*, 18, 121-124,

Arve, S. S., Chavan, S. M., e Patel, M. B. (2014). Suscetibilidade varietal de grãos de trigo contra o gorgulho do arroz, *Sitophilus oryzae* L. *Tendências em Biociências*, 7(10), 925-934.

Aslam, M., & Suleman, M. (1999). Gestão de pragas de produtos agrícolas armazenados. *The Nation*, 11(5).

Bamaiyi, L. J., Dike, M. C., e Onu, I. (2007). Suscetibilidade relativa de algumas variedades de sorgo ao gorgulho do arroz *Sitophilus oryzae* (L.) (Coleoptera:

Curculionidae). *Jornal de Entomologia*, 4 (5), 387-392.

Belloa, G. D., Padina, S., Lastrab, C. L. e Fabrizio, M. (2000). Avaliação laboratorial do controlo químico-biológico do gorgulho do arroz (*Sitophilus oryzae* L.) em grãos armazenados. *Journal of Stored Product Research*, 37, 77-84.

Bhanderi, G. R., Radadia, G. G., e Patel, D. R. (2015). Gestão ecológica do gorgulho do arroz *Sitophilus oryzae* (Linnaeus) no sorgo. *Jornal Indiano de Entomologia*, 77 (3), 210-213.

Bhargava, M. C., & Meena, B. L. (2002). Eficácia de alguns óleos vegetais contra o escaravelho da leguminosa, *Callosobruchus chinensis* (Linn.) em feijão-frade, *Vigna unguiculata* (L.). *Indian Journal of Plant Protection*, 30(1), 46-50.

Buatone, S., & Indrapichate, K. (2011). Efeitos protectores de extractos de folhas de hortelã, hortelã de cozinha e lima kaffir contra gorgulhos do arroz, *Sitophilus oryzae* L., em arroz armazenado e moído. *Revista Internacional de Ciências Agrícolas*, 3(3), 133-139.

Campbell, J. F. (2005). Influência do tamanho da semente na exploração pelo gorgulho do arroz *Sitophilus oryzae*. *Journal of Insect Behavior* 15 (3), 429-445.

Chahal, B. S., & Singh, L. (1974). Suscetibilidade relativa de diferentes variedades de trigo a *Sitophilus oryzae* (L.) e *Rhyzopertha dominica* (F.). *Boletim de tecnologia de grãos*.12 (3), 223-225.

Choudhary,M.D.(2012).Suscetibilidade varietal e avaliação de protectores de grãos contra *Callosobruchus chinensis* Linnaeuson cowpea em condições de armazenamento. Tese de mestrado apresentada ao Departamento de Entomologia, B.A.College of Agriculture, Anand Agricultural University, Anand.

Chaudhuri, N., e Subba, B. (2018). Avaliação da eficácia de diferentes protetores de grãos contra *Sitophilus oryzae* infestando grãos de arroz, trigo e milho. *Revista Internacional de Microbiologia Atual e Ciências Aplicadas,* 7(4), 1702-1709.

Chauhan, P., Jakhmola, S. S., Bhadauria, N. S., & Dwivedi, U. S. (2005). Influência das variedades de trigo nas actividades biológicas do gorgulho do arroz, *Sitophilus oryzae*. *Indian Journal of Entomology*, 67 (4), 366.

Deb,S.(2011).Suscetibilidade varietal e avaliação de protectores de grãos contra *Sitophilus oryzae* Linnaeus em milho sob condições de armazenamento. Tese de mestrado apresentada ao Departamento de Entomologia, B.A.College of Agriculture, Anand Agricultural University, Anand, pp.84-89.

Deb, S., Borad, P. K., e Gadhiya, V. C. (2015). Avaliação de alguns materiais botânicos e inseticidas sintéticos contra *Sitophilus oryzae* L. em milho armazenado. *Pesticide Research Journal*, 27 (2), 237-241.

Devi, M. B., Devi, N. V., e Singh, S. N. (2014). Efeitos de seis extractos botânicos de plantas em pó no controlo do gorgulho do arroz, *Sitophilus oryzae* L. Em grãos de arroz armazenados. grãos (*Triticum aestivum*). *Jornal Africano de Investigação Agrícola*, 6 (13), 3043-3048.

Jayakumar, M., Arivoli, S., Raveen, R., e Tennyson, S. (2017). Atividade repelente e toxicidade fumigante de alguns óleos vegetais contra o gorgulho adulto do arroz, *Sitophilus oryzae* Linnaeus (Coleoptera: Curculionidae). *Revista de Estudos de Entomologia e Zoologia*, 5(2), 324-335.

Jilu, V. S., Borad, P. K., e Patel, R. D. (2018). Avaliação de óleos vegetais como protetores de grãos contra *Rhyzopertha dominica* (Fabricius) em milho sob condição de armazenamento.*Journal of Entomology and Zoology Studies*, 6 (3), 821-824.

Kathirvelu, C., & Raja, R. S. (2015). Eficácia de extratos vegetais selecionados como fumigante inseticida contra certas pragas de insetos de grãos armazenados em condições de laboratório. *Arquivos de Plantas*, 15(1), 259-266.

Khajuria, S., & Malik, K. H. (2003). Triagem preliminar de botânicos contra *Sitophilus oryzae* (L.). *Insect Environment*, 9 (1), 3-4.

Khan, K., Khan, G. D., Din, S.U., e Khn, S. A. (2014). Avaliação de diferentes genótipos de trigo contra o gorgulho do arroz, *Sitophilus oryzae* (L.) (Coleoptera: Curculionidae). *Avaliação*, 4 (8), 85-89.

Kher, R. H. (2006). Avaliação de óleos vegetais e insecticidas como protectores de grãos e de variedades quanto à suscetibilidade contra *Rhyzopertha dominica* (F.) que infesta o trigo em condições de armazenamento. Tese de doutoramento apresentada à Universidade Agrícola de Anand, Anand, pp192.

Koura, A., e El-Halfway, M., (1967). Estudos sobre a suscetibilidade de certas variedades egípcias de milho, *Zea mays*, à infestação com o gorgulho do arroz e a broca do grão menor e as preferências dos hospedeiros destes insectos. *Agricultural Research Review Cairo*, 45, 49-55.

Kumar, D., e Kalita, P. (2017). Reduzir as perdas pós-colheita durante o armazenamento de culturas de cereais para reforçar a segurança alimentar nos países em desenvolvimento. *Foods*, 6 (1), 8.

Kumar, R., Mishra, A. K., Dubey, N. K., & Tripathi, Y. B. (2007). Avaliação do óleo *de Chenopodium ambrosioides* como potencial fonte de atividade antifúngica, antiaflatoxigénica e antioxidante. *Revista Internacional de Microbiologia Alimentar*, 115(2), 159-164.

Kundu B. (2017). Bioecologia de *sitophilus oryzae* (L.) em trigo sob agroecologia Tarai de Bengala Ocidental Tese de Mestrado. Departamento de Entomologia, Uttar Banga Krishi ViswaVidyalaya, Pundibari, Cooch Beharp 82.

Meghwal, H. P., Bajpai N. K., Ameta O. P., e Jain, H. K. (2010). Rastreio de variedades de milho contra *Sitophilus oryzae* (L.). *Indian Journal of Applied Entomology* 24 (2), 121-123.

Metcalf, C. L e Flint W. P. (1962). Insectos destrutivos e úteis: seu hábito e controlo. Nova Iorque: Londres: Mc Graw Hill, pg. 1087.

Mishra, B. B., Tripathi, S. P., & Tripathi, C. P. M. (2012). Efeito repelente dos óleos essenciais das folhas de *Eucalyptus globulus* (Mirtaceae) e *Ocimum basilicum* (Lamiaceae) contra duas das principais pragas de insectos de grãos armazenados de Coleopterons. *Jornal da Natureza e Ciência*, 10 (2), 50-54.

Nalini, R., Rajavel, D. S., e Geetha, A. (2009). Efeitos do extrato de folhas de plantas medicinais no gorgulho do arroz, *Sitophilus oryzae* (L.). *Journal of Rice Research,* 2 (2), 87-92.

Ogbomo, K. E., and Enobakhare, D. A. (2007) The use of leaf powders of *Ocimum gratissimum* and *Vernoma amygdalina* for the management of *Sitophilus oryzae* (Linn.) in stored rice *Journal of Entomology* 4 (3), 253-257.

Padmasri, A., Srinivas, C., Lakshmi, K. V., Pradeep, T., Rameash, K., Anuradha, C., &Anil, B. (2017). Gestão do gorgulho do arroz (*Sitophilus oryzae* L) no milho por tratamentos de sementes botânicas. *Revista Internacional de Microbiologia Atual e Ciências Aplicadas*, 6(12), 3543-3555.

Patel, I. S., Prajapati, B.G., Patel, G. M., e Pathak, A. R. (2002). Response of castor genotypes to castor semilooper, *Achaea janata* Fab., *Journal of Oilseeds Research*, 19 (1), 153.

Patel, Y. (2006a). Caracterização da suscetibilidade relativa de variedades de trigo contra o gorgulho do arroz (*Sitophilus oryzae* L.). *Asian Journal of Bio Science*, 1 (2), 106-108.

Patel, Y. (2006b). Eficácia de *Azadirachta indica* e *Curcuma amada* como protectores de grãos contra o gorgulho do arroz (*Sitophilus oryzae* Lin.) no trigo. *Asian Journal of Bio Science*, 1 (2), 149-151.

Patil, S. D., Rasal, P. N., Sonawane, K. M., e Pawar, V. S. (2014). Potencial de material vegetal como protetor de sementes de trigo contra o gorgulho dos grãos (*Sitophilus oryzae* L.). *Jornal Internacional de Proteção das Plantas*, 7 (1), 82-85.

Pawar, C. S., e Yadav, T. D. (1980). Persistência de insecticidas organofosforados em diferentes superfícies. *Indian Journal of Entomology*,42 (4),728-736.

Phillips, T. W., e Throne, J. E. (2010). Abordagens biológicas para a gestão de insectos de produtos armazenados. *Revisão anual de entomologia*, 55, 375-397.

Pruthi, H. S., e Singh. M. (1948). Pragas de grãos armazenados e seu controlo. *Indian Journal of Agricultural Science*, 18, 1-82.

Qi, Y. T., & Burkholder, W. E. (1981). Proteção do trigo armazenado contra o gorgulho dos cereais através de óleos vegetais. *Journal of Economic Entomology*, 74 (5), 502-505.

Ram, C., & Singh, U. S. (1996). Resistência a *Trogoderma granarium* no trigo e caraterísticas associadas do grão. *Indian Journal of Entomology*, 58, 66-73.

Ramadas, S., Kumar, T. K., e Singh, G. P. (2019). Produção de trigo na Índia: Trends and prospects. Na produção global de trigo. recuperado de https://www.intechopen.com/online-first/wheat-production-in-india-trends-and-prospects

Ran, P., Verma, R. S., & Singh, S. V. (1988). Óleos vegetais como protetor de grãos contra *Sitophilus oryzae* L. *Journal of Farm Science3*, 14-20.

Rao, P. H., Rao, C. V. R., e Rao, P. A. (2004). Eficácia de pós de plantas contra o gorgulho do milho, *Sitophilus zeamais* (Mot.) que infesta o milho armazenado. *The Andhra Agriculture Journal*, 51 (3 e 4), 420-423.

Rojasara, A. D., & Patel, D. R. (2020). Biologia do gorgulho do arroz *Sitophilus oryzae* (L.). *Jornal Indiano de Entomologia*, 82(3), 595-597.

Shankar, U., e Abrol, D. P. (2012). 14 Manejo integrado de pragas em grãos armazenados. Integrated Pest Management: Principles and Practice, p386.

Sharma, V. K. (1984). Impacto do tamanho do contentor na avaliação da resistência varietal do trigo a *Sitophilus oryzae* (Linn). *Journal of Entomological Research* 8, 227-229.

Simwat, G. S. e Chahal, B.S. (1984). Efeito de diferentes níveis de infestação inicial de *S. oryzae, T. granarium* e *T. casteneum* na sua acumulação populacional e consequente perda de trigo. *Boletim de Tecnologia de Grãos,* 20, 25-31.

Singh, P. K. (2010). Uma abordagem descentralizada e holística para a gestão de cereais na Índia. *Ciências actuais*, 99 (9), 1179-1180.

Srivastava, P. K., Tripathi, B. P., Girish, G. K. e Krishnamurthy, K. (1973). Estudos sobre a avaliação de perdas. *Boletim de tecnologia de grãos*, 11 (2), 129-139.

Statista, (2021). Produção mundial de grãos 2020/21, por tipo. Obtido em https://www.statista.com/statistics/263977/world-grain-production-by-type/

Steel, R. G. D., & Torrie, J. H. (1980). Principles and procedures of statistics. Publicado por McGraw-Hill Book Company, Nova Iorque.

Sushma, D., e Borad, P. K. (2013). Eficácia dos óleos vegetais como protectores de grãos contra *Sitophilus oryzae* L. no milho em condições de armazenamento. *Karnataka Journal of Agricultural Sciences*, 26 (3), 431-432.

Suthar, M. D. (2014). Suscetibilidade varietal e avaliação de protetores de grãos contra *Callosobruchus chinensis* Linnaeus em grama preta sob condição de armazenamento. Tese de mestrado apresentada à Universidade Agrícola de Anand, Anand.

Thakare, S. T. (2009). Estudo da incidência do gorgulho do arroz, *Sitophilus oryzae* (L.) em diferentes variedades de trigo armazenado. (Tese de Mestrado apresentada à Faculdade de Agricultura de Jabalpur, Madhya Pradesh.

Tiwari, N. (2016). Estudo da biologia do gorgulho do arroz no trigo LOK-1 e sua incidência em diferentes variedades de trigo armazenado. Tese de mestrado apresentada à Faculdade de Agricultura de Jabalpur, Madhya Pradesh.

Tiwari, R., e Sharma, V.K. (2002). Resistência de duas das principais pragas de grãos armazenados no trigo. *Indian Journal of Entomology*. 64 (3), 247-253.

Uttam, J. R., Pandey, N. D., Verma, R. A., & Singh, D. R. (2002). Eficácia de diferentes óleos indígenas como protetor de grãos contra *Sitophilus oryzae* em cevada. *Indian journal of entomology*, 64 (4), 447-450.

Verma, R. A., Yadav, P., & Sultana, N. (2012). Crescimento e desenvolvimento de *Sitophilus oryzae* em algumas variedades de trigo. *Indian Journal of Entomology*, 74(1), 88-90.

Yadav, J. P., Bhargava, M. C., & Yadav, S. R. (2008). Efeito de vários óleos vegetais no gorgulho do arroz, *Sitophilus oryzae* (Linnaeus) no trigo. *Indian Journal of Plant Protection*, 36 (1), 35-39.

Yadav, M. K., Bhargava, M. C., Choudhary, M. D., e Choudhary, S. (2018). Suscetibilidade relativa de diferentes variedades de trigo contra o gorgulho do arroz, *Sitophilus oryzae* (Linn.), *Journal of Entomology and Zoology Studies*, 6 (2), 2877-2879.

Yankanchi, S. R., e Gadache, A. H. (2010). Eficácia protetora dos grãos de certos extractos de plantas contra o gorgulho do arroz, *Sitophilus oryzae* L. (Coleoptera: Curculionidae). *Jornal de Biopesticidas*, 3 (2), 511-513.

Yevoor, M.P., Awaknavar, J. S., e Walikar, S.T. (2013). Resistência do genótipo de milho ao gorgulho do arroz *Sitophilus* oryzae (L) *Bioinfolet* 10 (4), 1298-1301.

More
Books!

info@omniscriptum.com
www.omniscriptum.com
OMNIScriptum

Printed by Books on Demand GmbH, Norderstedt / Germany